◉ 機械工学テキストライブラリ ◉
USM-1

自動車づくりの例で学ぶ
機械工学概論

坂根政男

数理工学社

編者のことば

近代の科学・技術は，18 世紀中頃にイギリスで興った産業革命が出発点とされている．産業革命を先導したのは，紡織機の改良と蒸気機関の発明によるとされることが多い．すなわち，紡織機や蒸気機関という「機械」の改良や発明が産業革命を先導したといっても過言ではない．その後，鉄道，内燃機関，自動車，水力や火力発電装置，航空機等々の発展が今日の科学・技術の発展を推進したように思われる．また，上記に例を挙げたような機械の発展が，機械工学での基礎的な理論の発展の刺激となり，理論の発展が機械の安全性や効率を高めるという，実学と理論とが相互に協働しながら発展してきた専門分野である．一例を挙げると，カルノーサイクルという一種の内燃機関の発明が熱力学の基本法則の発見につながり，この発見された熱力学の基本法則が内燃機関の技術改良に寄与するという相互発展がある．

このように，機械工学分野はこれまでもそうであったように，今後も科学・技術の中軸的な学問分野として発展・成長していくと思われる．しかし，発展・成長の早い分野を学習する場合には，どのように何を勉強すれば良いのであろうか．発展・成長が早い分野だけに，若い頃に勉強したことが陳腐化し，すぐに古い知識になってしまう可能性がある．

発展の早い科学・技術に研究者や技術者として対応するには，機械工学の各専門分野の基礎をしっかりと学習し，その上で現代的な機械工学の知識を身につけることである．いかに，科学・技術の展開が早くても，機械工学の基本となる基礎的法則は変わることがない．したがって，機械工学の基礎法則を学ぶことは大変重要であると考えられる．

本ライブラリは，上記のような考え方に基づき，さらに初学者が学習しやすいように，できる限り理解しやすい入門専門書となることを編集方針とした．さらに，学習した知識を確認し応用できるようにするために，各章には演習問題を配置した．また，各書籍についてのサポート情報も出版社のホームページから閲覧できるようにする予定である．

天才と呼ばれる人々をはじめとして，先人たちが何世紀にも亘って築き上げてきた機械工学の知識体系を，現代の人々は本ライブラリから効率的に学ぶことができる．なんと，幸せな時代に生きているのだろうと思う．是非とも，本ライブラリをわくわく感と期待感で胸を膨らませて，学習されることを願っている．

2013 年 12 月

編者　坂根政男
松下泰雄

「機械工学テキストライブラリ」書目一覧

1　自動車づくりの例で学ぶ 機械工学概論
2　機械力学の基礎
3　材料力学入門
4　流体力学
5　熱力学
6　機械設計学入門
7　生産加工入門
8　システム制御入門
9　機械製図
10　機械工学系のための数学

はじめに

本書は，理工系学部の機械系学科に入学した低学年の学生に向けた，機械工学の概要をまとめた書である．本書のねらいは，機械系の学科でどのような科目を学び，学んだ学問がどのように実社会で役立つのか，を概観的に示すことである．よく，大学で勉強したことは，実社会では役立たないと言われるが，そんなことはない．大学で学習したことは，必ず卒業後の実社会でも役立つ．したがって，4年間の学部時代に，機械系の専門分野や専門分野以外の学問も含めて，しっかりと身につけることが大切であると思う．

表に，ある大学の機械工学系学科の専門科目のカリキュラムをのせた．1年生から4年生までの科目が並んでいるが，多分，低学年の諸君にとっては単なる科目の羅列であり，チンプンカンプンであると思う．今はそれで良いと思う．本書では，**表**に示す中の代表的な科目でどのような事柄を学習し，それが実際のものづくりにどのように関連するのかを述べてみたいと思う．ただし，個々の科目毎に，この科目ではこのような学習をします，この科目ではこの法則が大切です，…と書き並べても，最初の数科目については我慢して読んでもらえると思うが，その後，すぐに飽きてしまうだろう．何か，面白く読んでもらえるストーリー性（物語性）が必要であると思う．そのストーリーの中に，個々の科目で学ぶ内容を貼り付けた方が理解しやすいし，記憶にも残るのではないかと考えた．

本書では，自動車を製作することを物語の中心に据えて，**表**の専門科目の解説を試みた．個々の科目の中身にまで立ち入ることは，本書のねらいでもなく，また紙面の都合からもできない．したがって，機械工学系のこの科目を学ぶことによって，自動車を製作する際のこの技術課題の解決方向がわかる，という書き方を心がけた．大学では，第1回目の講義から科目の中身に入ることが多く，相互の科目間の関連性や学んだことが実社会でどのように役立つの

表　機械工学系での専門科目の一例（ある私立大学機械工学科の例）

1年生	2年生	3年生	4年生
機械工学概論 機械製図学 力学 A 材料力学 A	CAD 演習 A 機械システム実験 A 機械工作実習 力学 B, C 材料力学 B 数学解析 A, B 数値計算演習 A 生産加工学 熱力学 A 流体力学 A 制御工学 A 電磁気学	CAD 演習 B 移動現象論 確率統計論 機械システム実験 B 機械運動学 機械設計法 A, B 計測工学 材料強度学 材料工学 A 制御工学 B 精密加工学 A 電子回路 A, B 熱力学 B 流体力学 B 数学解析 B 数値計算演習 B	材料工学 B 振動工学 燃焼工学 計算力学 制御工学 C 生産システム工学 精密加工学 B 流体力学 C 卒業研究

かは，語られることは少ない．したがって，この大学の講義での不足部分を埋めるような書にしたいと思った．

自動車の製作を中心にと言っても，実際に自動車を製作するわけではなく，カリキュラムの説明に必要な事柄が自動車の製作にどのように関係しているのか，について述べるのみであるとの限界性はある．自動車は複雑な構造をしており，あまりなじみのない学生も多くいるかと思う．このことから，本当はもっとわかりやすい対象，たとえば，自転車を取り上げたかったのだが，自転車では，**表**に示した熱力学や燃焼工学が抜け落ちてしまう．これらの科目が入るような機械には，航空機があるが，自動車よりも読者にはより親しみがないと思われたので，ものづくりの対象を自動車とした．

著者は立命館大学に在職中，1年生の機械工学概論の講義を担当したことがある．そのときにも，本書で述べた趣旨の講義を数年間行った．その講義は，種々の制約から8回ぐらいの回数しかとれなかったので，多くの重要な分野が抜け落ちてしまった．本書は，その講義を基に書き起こしたものである．本書が，新しく機械系の専門科目を学習しようとする学生諸君の道しるべになるのであれば，これ以上うれしいことはない．

2024 年 9 月

坂根　政男

目　次

第5章

第6章

第7章

第8章

サイエンス社・数理工学社のホームページのご案内
https://www.saiensu.co.jp
ご意見・ご要望は　suuri@saiensu.co.jp　まで．

第1章

自動車製作の流れ

　機械系学科で学ぶことは，一言で表せば「ものづくり」の基礎的手法である．この「もの」が何かというと，当初は種々の製品やそれを作り出す機械を指していたが，最近ではこの「もの」には，ソフトウェア等も含まれているようにも思われる．本章では，自動車がどのような流れ（フロー）で製作されているのかを概観してみよう．

1.1　自動車製作の流れ

自動車は，図 1.1 に示す手順で製作されることが通例である．まずは，どのような自動車を設計するのかという**仕様**を決定する必要がある．仕様という用語は少し硬い表現だが，自動車の寸法，形式や性能を一覧として表すものである．本書で取り上げる項目だけを書き出すと，

① スポーツカー，4ドアセダン，SUV（Sport Utility Vehicle）等の自動車のタイプ（図 1.2 参照）
② 自動車の幅，長さおよび高さ等の外形の大きさ
③ エンジンの形式（ガソリンエンジン，ディーゼルエンジン等）や性能（最大出力や最大トルク）．電気自動車の場合は，モータの最大出力とトルク
④ 燃費（ガソリン1L当たりの走行距離 km）
⑤ **抗力係数** C_d 値（自動車が走行する際の走行方向の空気抵抗を示す係数）

等である．これらの項目は自動車を設計する際の目標値になるものであり，必ず事前に決定する必要がある．

次に，決定した仕様を満たすように，自動車を**設計**する．設計は大きく，

① 概念設計
② 詳細設計

に分けることができる．**概念設計**では，エンジンやモータをどこに配置するか等の自動車の全体的な構造等を決定する．**詳細設計**では概念設計に基づいて，部品等の**製作図面**を作成する．詳細設計で作成された部品の図面を部品製作の担当部門に渡し，部品を製作する．

部品製作には，プレス，切削，研削，鍛造，鋳造，3D プリンティング等の方法がある．第6章でこれらの方法について順次説明するので，今の段階ではこれらの方法についてわからなくてもよい．ただ，頭の片隅にとどめて欲しいのは，「部品加工には種々の方法があり，加工方法を理解しないと良い設計図面は書けない」ということである．言い換えると，加工方法も考えて設

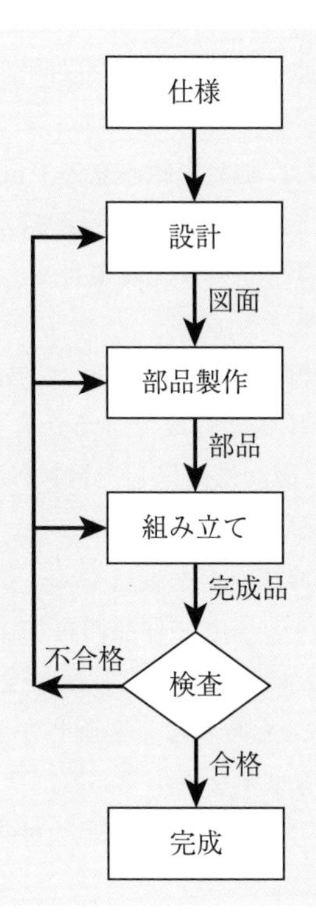

図 1.1　ものづくりのためのフロー図

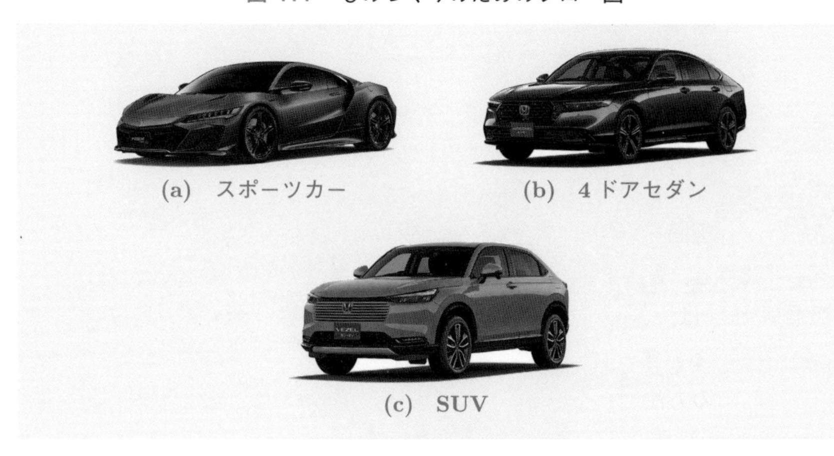

図 1.2　自動車のタイプ

計図面を書く必要がある．私の担当は設計であるから設計図面だけを書けばよい，という考えでは，文字通り「絵に描いた設計図面」であり，良い設計図面にはならない．

部品ができあがってきたら，部品を**組み立て**て自動車が完成する．組み立てやすさも設計図面に依存するし，下手をすると組み立てられないこともある．修理やメンテナンスの容易さも重要な配慮項目であり，これらの点も設計者の腕次第ということになる．

無事に部品が組み上がれば，一旦，自動車は完成したことになる．しかし，仕様のところで設定した目標値が達成できるかを**検査**する必要がある．経験的に知られていることは，「最初に開発した機械は，組み立て後すぐに所定の性能が出ることはまれである」ということである．検査の結果，不合格になれば，不合格部分の手直し（修正）が必要になる．図 1.1 に示すように，手直しの程度によって，設計のやり直し，部品の再加工，組み立て直しのどれか，または複数の手法をとることになる．手直し後，検査に合格すれば，無事に自動車が完成することになる．もちろん，手直しが少ない設計を追求することは，開発期間や経費と関わる重要な課題である．

1.2　自動車の仕様の決定

仕様は，設計や製作の際の目標値になるので，自動車製作上の第1ステップとして必須な項目である．ただし，あまりにも仕様の目標値が高すぎると，実現不可能な場合もあるので，このようなときには，何が実現不可能であるのかを明確にした上で，仕様を変更する勇気と柔軟性も必要となる．

ここでは，まずどのような自動車を造るのかという目標値である仕様を単純化して考えてみよう．下記のように設定してみることにする．

車　　種：4ドアセダン
外　　形：4,500 mm 長さ（L）× 1,700 mm 幅（W）× 1,500 mm 高さ（H）
　L: Length, W: Width, H: Height と略記することが多い
エンジン形式：ガソリンエンジン
　最大出力：110 kN · m/s（150 **馬力**（HP）），6,000 rpm,
　最大トルク：140 N · m，3,500 rpm
　HP: Horse Power（馬力），rpm: revolutions per minute（毎分回転数）
重　　量：12,000 N（1,224 kg 重）
最高速度：150 km/h
加速性能：0 → 100 km/h を 10 秒間で到達
抗力係数（C_d 値）：0.3

車種は最も一般的な4ドアセダンとした．外形は，上記に示すような寸法としたが，機械系では，長さをL，幅をW，高さをHと略記することがあるので，覚えておいて損はないだろう．エンジン形式は，ガソリンエンジンとした．エンジンの出力は，110 kN · m/s（150 馬力）とした．この性能は，その下に述べた重量 12,000 N の自動車を最高速度 150 km/h で走らすことや，停止時から 100 km/h にまで 10 s で加速するために必要である．このことについては，第2章で根拠を示す．C_d 値は，走行時に生じる空気による走行方向の抵抗を示す抗力係数であり，一旦，このように決めよう[1]．自動車の仕様が決まったので，次に，自動車の運動とエンジン性能を考えてみよう．

---

[1] この数値は，コンピュータを使用した流体解析によっても，設計段階から見積もることができる．しかし，最終的には風洞内に自動車を置き，実験的に決定される数値である．

第2章

自動車の運動とエンジン性能 —力学—

力学は，機械工学の基盤科目である．その理由は，力学で学ぶ内容は，機械工学科で学ぶ他の科目，たとえば，材料力学，流体力学，制御工学等で学ぶ内容の基礎となっているからである．本章では，自動車の走行時の運動を例として，力学の有用性を垣間見てみよう．特に，大学で初めて学ぶ回転運動を記述するための手法を取り上げ，解説する．

2.1　並進運動と回転運動

まず，自動車の運動について考えてみよう．運動を考える際には，座標系をとる必要がある．図 2.1(a) に示すように，自動車の重心を原点とし，デカルト座標系 (x, y, z) をとる．自動車の進行方向を x 方向，地面と平行で x 方向に直交する方向を y 方向，地面に垂直で x 方向に直交する方向を z 方向とした．自動車に働く力は，x, y, z 方向にそれぞれ，F_x, F_y, F_z が作用しているとしよう．これらの力によって，自動車は前進や横すべり，上り坂を登ったりする**並進運動**（直線運動）をする．しかし，これらの並進運動だけでは，自動車の運動を完全に記述したことにはならない．

このことを直観的に理解するために，図 2.1(b) に示す角棒の運動を考える．同図では角棒の上下方向にある間隔をあけて同じ大きさの力 $\boldsymbol{F}$ がそれぞれ逆方向に作用している．上下方向には力 $\boldsymbol{F}$ が釣り合っており，上下方向に加速度運動することはない．しかし，よく見てみると，この角棒は時計方向に回転する．この例からもわかるように，**回転運動**も並進運動と並んで重要な運動形態であることがわかる．高校までででは並進運動の力学しか学んでいないが，大学では「力学系」の科目で並進運動と回転運動の両者を学ぶ．この回転運動の理解が結構難しい．難しさの原因は，並進運動のように直観的に運動を把握することができないからである．

回転運動を直観的に理解しやすいように，図 2.1(c) に示す自動車の回転運動を例として，以下では解説したい．回転運動であるから，「ナントカ軸周りの回転」のように記述する必要がある．この例では，図 2.1(c) に示した x, y, z 軸周りの回転が書いてある[1)]．それぞれの軸の周りの回転に名前が付けられており，x 軸周りの回転運動を**ローリング（横揺れ）**，y 軸周りの回転運動を**ピッチング（縦揺れ）**，z 軸周りの回転運動を**ヨーイング（片揺れ）**という．

[1)] 並進運動では独立な 3 方向の運動が可能であるので，「並進運動には 3 **自由度**がある」と表現する．同じように，回転運動にも 3 軸に関する独立した回転が可能であるので「回転運動には，3 自由度がある」という．したがって，物体の運動を完全に記述するためには，並進運動の 3 自由度と回転運動の 3 自由度とを合わせて，合計 6 自由度の運動を決定する必要がある．

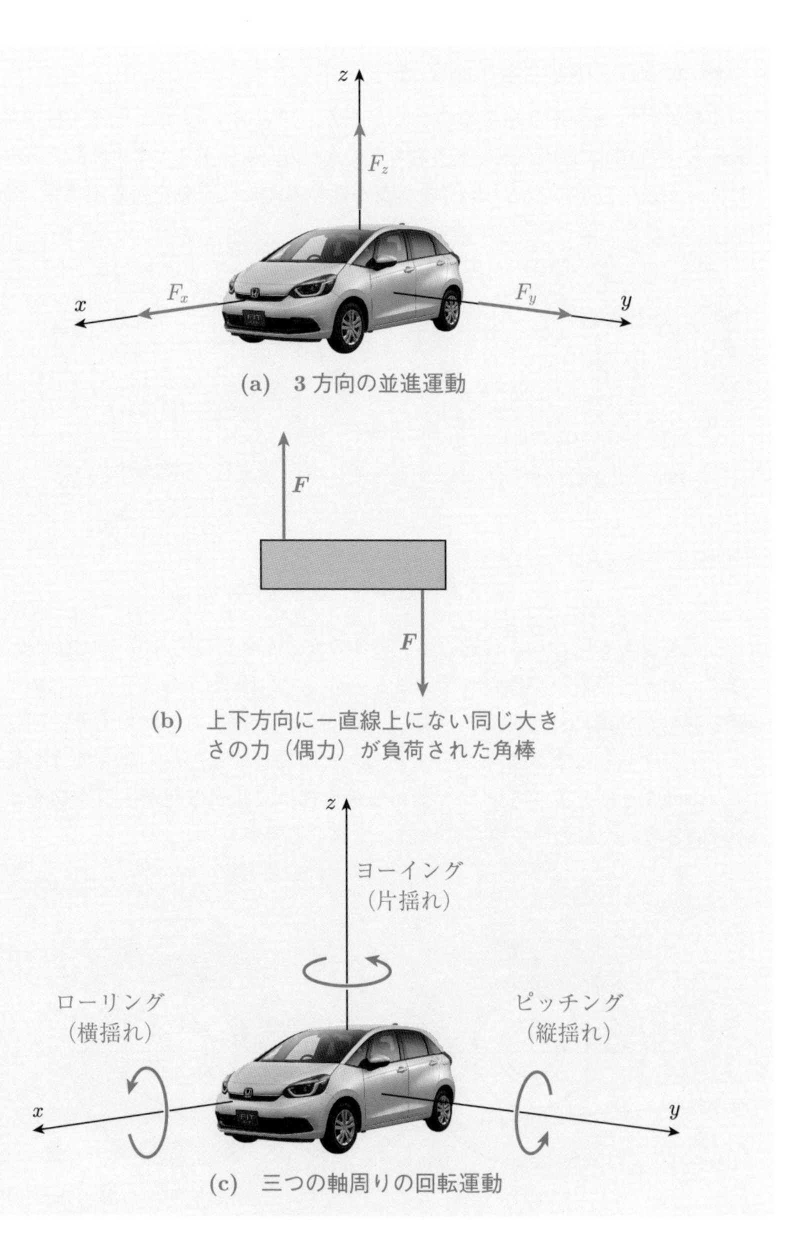

図 2.1　自動車の並進運動と回転運動

Coffee Break 2.1

● 右手系座標と左手系座標 ●

座標系には**右手系**と**左手系**の二つがある．図 2.2 に示すように，右手系とは x 軸を y 軸方向に回転させたとき**右ネジ**の進む方向に z 軸をとる座標系である．逆に，左手系は右手系と逆方向（**左ネジ**が進む方向）に z 軸をとる座標系である．

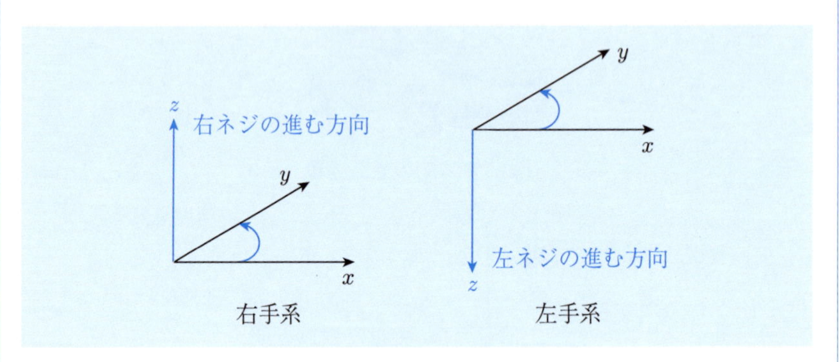

図 2.2 右手系と左手系の座標

右ネジはよく見られる普通のネジであるが，左ネジはあまり一般的ではない．なぜ，両方向のネジが作られているかというと，図 2.3 のように左回転する円板を右ネジで締め付けると，回転方向が右ネジを緩める方向であり，回転によってネジが緩むことがあるからである．この場合には，左ネジを使う必要がある．このように回転体をネジで締める場合には，回転方向がネジを緩める方向か締める方向かについて事前に検討しておく必要がある．

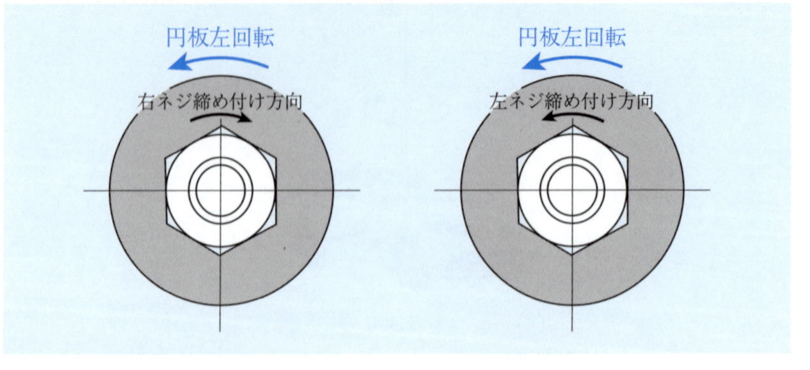

図 2.3 左回転する円板を右ネジと左ネジで締め付けた場合

さて，回転運動の説明の前に，高校で学んだ並進運動について，簡単におさらいしておこう．ここでは，x 方向のみの並進運動について考えるが，他の方向についても同じような関係が成立する．

注意　ここでは x 方向のみの運動を考えているが，x, y, z の 3 方向の運動を取り扱うには，(x, y, z) 方向の基本単位ベクトルを $(\boldsymbol{e}_x, \boldsymbol{e}_y, \boldsymbol{e}_z)$ とし，自動車にかかる力をベクトルで $\boldsymbol{F} = F_x\boldsymbol{e}_x + F_y\boldsymbol{e}_y + F_z\boldsymbol{e}_z$，速度ベクトルを $\boldsymbol{v} = v_x\boldsymbol{e}_x + v_y\boldsymbol{e}_y + v_z\boldsymbol{e}_z$ とすれば，一つの式で 3 方向の運動を表示することができる．このようにすれば，全体の見通しは良くなるが，計算は成分毎に行う必要がある．後述するように，回転運動にもベクトルを使用するので，ベクトルを用いた表示にも慣れておいた方が良い．

x を x 方向の距離とすると，x 方向の速度 v_x および加速度 a_x は x を時間 t でそれぞれ 1 回および 2 回微分して，(2.1) と (2.2) で表すことができる．

$$v_x = \frac{dx}{dt} \tag{2.1}$$

$$a_x = \frac{dv_x}{dt} = \frac{d^2x}{dt^2} \tag{2.2}$$

力 F_x と加速度 a_x との関係は，自動車の質量を m とすると，

$$F_x = ma_x = m\frac{dv_x}{dt} = m\frac{d^2x}{dt^2} \tag{2.3}$$

となる．また，**運動量**（p_x）と**運動エネルギー**（K_x）は，(2.4) と (2.5) で示される．

$$p_x = mv_x = m\frac{dx}{dt} \tag{2.4}$$

$$K_x = \frac{1}{2}mv_x^2 \tag{2.5}$$

ここまでは，高校の物理で習っている．一旦，(2.1)〜(2.5) を表 2.1 にまとめておこう．また，表 2.1 の並進運動の右側に，対応する回転運動の式を示したので，これらを参照しながら回転運動の数式による記述を考えよう．

図 2.4 に中心軸（z 軸）周りに回転する円板を示す．この円板の時刻 t での x 軸からの回転角を θ_z [rad] とすると，**角速度** ω_z は θ_z を時間 t で微分して，

表 2.1　並進運動と回転運動を記述する関係式の比較

並進運動		回転運動	
距離	x [m]	回転角	θ_z [rad]
速度	$v_x = \dfrac{dx}{dt} \left[\dfrac{\text{m}}{\text{s}}\right]$	角速度	$\omega_z = \dfrac{d\theta_z}{dt} \left[\dfrac{\text{rad}}{\text{s}}\right]$
加速度	$a_x = \dfrac{dv_x}{dt} = \dfrac{d^2x}{dt^2} \left[\dfrac{\text{m}}{\text{s}^2}\right]$	角加速度	$\alpha_z = \dfrac{d\omega_z}{dt} = \dfrac{d^2\theta_z}{dt^2} \left[\dfrac{\text{rad}}{\text{s}^2}\right]$
運動方程式	$F_x = ma_x = m\dfrac{d^2x}{dt^2}$ [N]	運動方程式	$N_z = I_z\dfrac{d^2\theta_z}{dt^2}$ [rad·N·m]
運動量	$p_x = mv_x = m\dfrac{dx}{dt}$ [N·s]	角運動量	$L_z = I_z\omega_z = I_z\dfrac{d\theta_z}{dt}$ [rad·N·m·s]
運動エネルギー	$K_x = \dfrac{1}{2}mv_x^2$ [N·m]	運動エネルギー	$K_z = \dfrac{1}{2}I_z\omega_z^2$ [rad^2·N·m]

注：回転運動での rad は無次元量なので，通常は書かないがここではわかりやすさを優先して記入した．

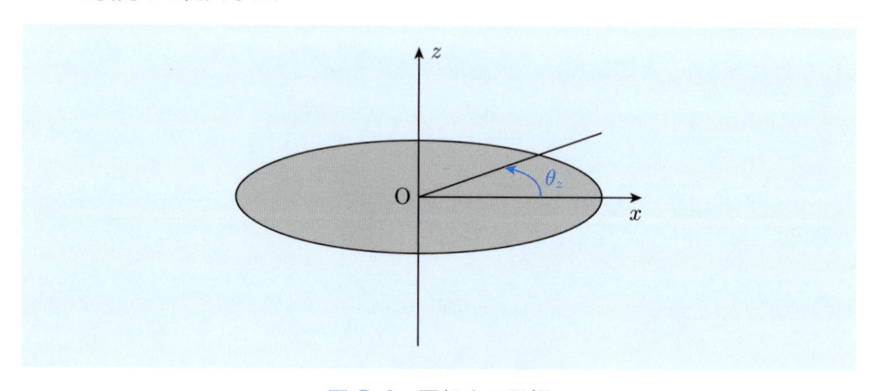

図 2.4　回転する円板

$$\omega_z = \frac{d\theta_z}{dt} \tag{2.6}$$

となる．**角加速度** α_z はさらに ω_z を時間で微分して，

$$\alpha_z = \frac{d\omega_z}{dt} = \frac{d^2\theta_z}{dt^2} \tag{2.7}$$

となる．ここまでは，高校の物理で学んでいるのではないかと思う．

Coffee Break 2.2

● ラジアン（角度）の定義とは ●

ラジアン θ は図 2.5 に示すような扇形で半径が r で弧長が S のとき，$\theta = \frac{S}{r}$ で定義される．この式で計算すれば，180° は π と整合する．また，この式は非常に便利で，半径 r と角度 θ が既知であれば，弧長は $S = r\theta$ として簡単に求めることができ，微積分で頻繁に使用される．

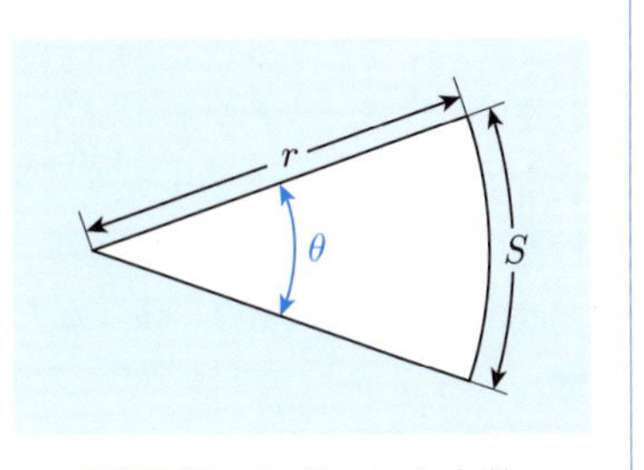

図 2.5　ラジアンの定義

さて，表 2.1 の並進運動と回転運動での運動を記述するための関係式を比較すると，

距離 x	$\Longleftrightarrow$	回転角 θ_z
速度 v_x	$\Longleftrightarrow$	角速度 ω_z
加速度 a_x	$\Longleftrightarrow$	角加速度 α_z
力 F_x	$\Longleftrightarrow$	モーメント N_z
質量 m	$\Longleftrightarrow$	慣性モーメント I_z

という対応関係になっている．

$$x \iff \theta_z$$

$$v_x \iff \omega_z$$

$$a_x \iff \alpha_z$$

については，(2.1)〜(2.7) ですでに述べた．大学で学ぶのは，並進運動での力 F_x が回転運動では**モーメント** N_z に，質量 m が**慣性モーメント** I_z に対応することである．これらの対応関係を用いれば高校のときに学習した並進運動の考え方が，まったく同じように回転運動にも適用できる．というよりは，並進運動と回転運動とを同じ形の式にしたと言った方がより妥当であるかもしれない．モーメントと慣性モーメントはわかりにくい物理量なので（ここで躓（つまず）く学生が多い），少し解説しておきたい．

Coffee Break 2.3

● モーメントとトルクは同じか ●

モーメントと**トルク**は同じ物理量を表し，単位は N · m である．両者の用語の使い分けは，専門分野で異なるようであるが，機械系では，ぐるぐると回転するようなエンジンやモータの場合にはトルク，静的な釣合い状態での曲げ解析等にはモーメントを使う慣習がある．どちらを使っても間違った使い方とまではいえないが，慣習に倣った方が混乱は少ないだろう．

モーメント N_z は物体を z 軸周りに回転させる強さを表した**物理量**である[2)]．単位は N · m であり，仕事やエネルギーと同じである．図 2.6(a) に示すように，xy 平面内にある楕円板に力 $\boldsymbol{F}$（ベクトル）が作用するとき，z 軸に関するモーメントの大きさ N_z を考える．すでに学んでいるように，モーメントの大きさ（スカラー）は，力のベクトル作用点と z 軸までとの距離（OH）× 力のベクトルの大きさ $|\boldsymbol{F}|$，として表される（図 2.6(b)）．したがって，$\boldsymbol{F}$ の作用点までのベクトルを $\boldsymbol{r}$ として，

$$
\begin{aligned}
N_z &= \mathrm{OH} \times |\boldsymbol{F}| \\
&= |\boldsymbol{r}|\,|\boldsymbol{F}| \sin\theta
\end{aligned}
\tag{2.8}
$$

となり，z 軸の上から見て反時計方向に回転することがわかる．ここに示したような単純な例では，このようにしてモーメントの大きさ N_z を求めることができるが，三次元の物体に複数の力によるモーメントが生じるような場合には，(2.8) の方法を適用するのは難しい．もっと見通し良くモーメントの大きさを求めるために，ベクトルの**外積**を用いる方法がある．

図 2.6(a) に示すように，力 $\boldsymbol{F}$ の作用点までのベクトル $\boldsymbol{r}$ と力 $\boldsymbol{F}$ との外積 $\boldsymbol{r} \times \boldsymbol{F}$ は，$\boldsymbol{r}$ および $\boldsymbol{F}$ に直交し，大きさが $\boldsymbol{r}$ と $\boldsymbol{F}$ で囲まれる平行四辺形の面積のベクトルとなる．すなわち，外積 $\boldsymbol{r} \times \boldsymbol{F}$ は

$$
\boldsymbol{r} \times \boldsymbol{F} = |\boldsymbol{r}|\,|\boldsymbol{F}| \sin\theta\, \boldsymbol{e}_z \tag{2.9}
$$

で表されるベクトルである．ここで，$\boldsymbol{e}_z$ は $\boldsymbol{r}$ と $\boldsymbol{F}$ に直交する z 軸方向の単位

[2)] 力と言いたいところであるが，力の単位は N であり，モーメント N_z の単位は N · m である．そのため，力という表現は使えないので，物理量との表現を用いた．

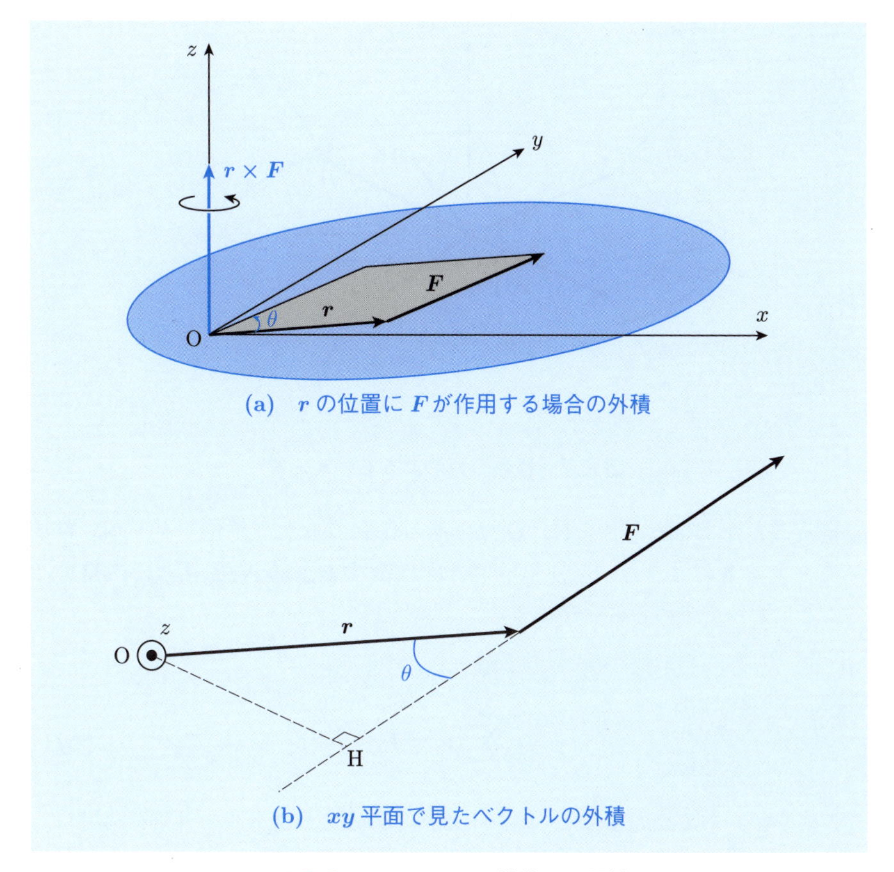

図 2.6　モーメントと外積との関係

ベクトルである．(2.8) と (2.9) とを較べると，(2.8) は (2.9) と $\boldsymbol{e}_z$ との内積をとったものであることがわかる．このことは，下記のように一般化できる．

図 2.7 に示すように，楕円体に複数の力 $\boldsymbol{F}_i$（$i = 1$〜4）によってモーメントが発生すると想定する．この場合の O 点周りのモーメントは，O 点からこれらの力 $\boldsymbol{F}_i$ の始点へのベクトルを $\boldsymbol{r}_i$（$i = 1$〜4）とすると，ベクトルの外積を利用して

$$\boldsymbol{N} = \sum_{i=1}^{4} \boldsymbol{r}_i \times \boldsymbol{F}_i \tag{2.10}$$

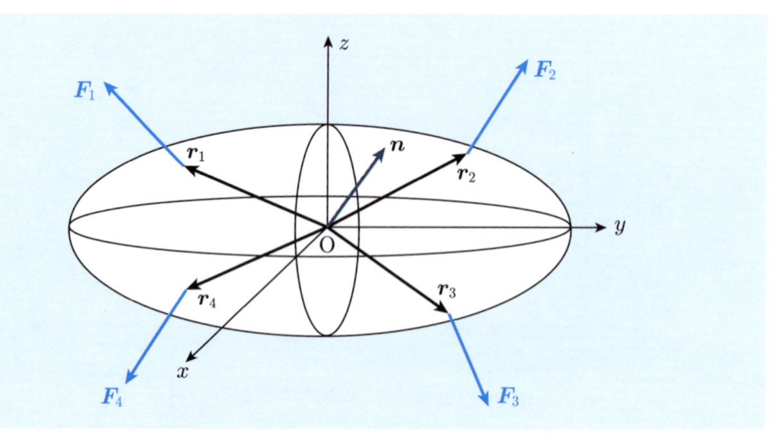

図 2.7　複数の力によるモーメント

で得ることができる．さらに，O 点を通る任意の $\boldsymbol{n}$ 軸（単位ベクトル）周りのモーメントの大きさ（$N_{\boldsymbol{n}}$）は，(2.11) に示すように $\boldsymbol{N}$ と $\boldsymbol{n}$ との**内積**をとることによって求めることができる．

$$N_{\boldsymbol{n}} = \boldsymbol{N} \cdot \boldsymbol{n} = \sum_{i=1}^{4} (\boldsymbol{r}_i \times \boldsymbol{F}_i) \cdot \boldsymbol{n} \tag{2.11}$$

このように，ある点周りのモーメントは，その点のベクトルの外積を利用して求めることができる．さらに，その点を通る任意の軸周りのモーメントの大きさは，求めたい軸方向の単位ベクトルとベクトルの外積で求めたモーメントとの内積によって機械的に求めることができる．

もう一度，表 2.1 を見直してみよう．**運動方程式**の行での回転運動におけるモーメント N_z は並進運動では力 F_x に対応している．したがって，回転運動ではモーメントを評価できないと，回転運動をまったく考察することができなくなるので，ベクトルの外積計算を使いこなせるようにしておく必要がある．

次いで，**慣性モーメント** I_z について簡単に説明する．ここでの説明を細部にわたってまで理解する必要は現時点ではない．しかし，考え方だけをつかんでおいて，力学の科目で十分な理解と取り扱いに慣れて欲しい．図 2.8 に示

す面積 A の単位厚さの円板では，z 軸周りの慣性モーメント I_z は，次の**二重積分**（**面積積分**）で定義される．

$$I_z = \iint_A r^2 \, dm \tag{2.12}$$

I_z を天下り的に定義したのでは，意味がわかりにくいので，簡単にこの式の背景を説明しておこう．

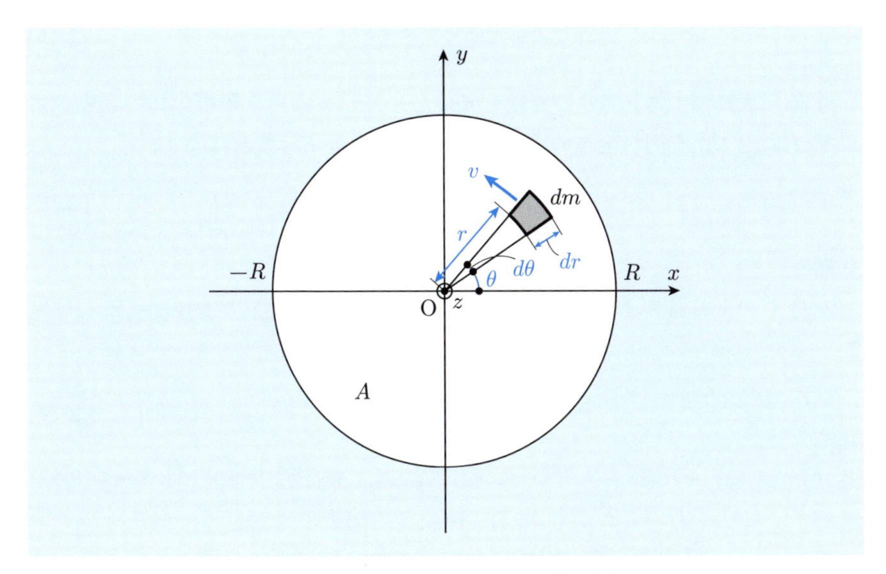

図 2.8　慣性モーメントの説明図

図 2.8 では，単位厚さの半径 R，全質量 M の円板が角速度 ω_z で回転する例を示している．回転軸は，円板の中心を通り紙面に垂直な z 軸とする．回転軸から r だけ離れた位置での，半径方向の長さが dr で角度 $d\theta$ の微小部分の質量を dm とする．この dm 部の速度 v は回転円の接線方向を向いており，その大きさは下記の式で表すことができる．

$$v = r\omega_z \tag{2.13}$$

一方，質量 dm が速度 v で並進運動をしているときの運動エネルギー dK は (2.5) から，

$$dK_z = \frac{1}{2}v^2\,dm \tag{2.14}$$

と表すことができる．(2.14) の v に (2.13) を代入すると，

$$\begin{aligned} dK_z &= \frac{1}{2}v^2\,dm \\ &= \frac{1}{2}(r\omega_z)^2\,dm \\ &= \frac{1}{2}r^2\omega_z^2\,dm \end{aligned} \tag{2.15}$$

を得る．(2.15) は微小部分の質量を dm としているので，円板全体の運動エネルギーは (2.15) を円板全体の面積 A について二重積分すればよく，

$$K_z = \frac{1}{2}\omega_z^2 \iint_A r^2\,dm \tag{2.16}$$

を得る．

表 2.1 の回転運動の運動エネルギーは，以下の (2.17) のように表示してある．

$$K_z = \frac{1}{2}I_z\omega_z^2 \tag{2.17}$$

(2.16) と (2.17) の運動エネルギーとを比較すると，慣性モーメント I_z は (2.12) のようにおけばよいことがわかる．半径 R の円板の場合には，慣性モーメントは $I_z = \frac{1}{2}mR^2$ となる[3]．円板以外の種々の形状に対する慣性モーメントは計算結果が力学のテキストに一覧表として掲載してあるので，I_z の具体的な計算には一覧表を参照すればよい．

図 2.9 に角速度 ω_z で回転している円板を示す．円板の z 軸から r だけ離れた位置での質量 dm に働く力は $r\alpha_z\,dm$ となり，この微小部分が作るモーメント dN_z は，

$$\begin{aligned} dN_z &= r \times r\alpha_z\,dm \\ &= r^2\alpha_z\,dm \end{aligned} \tag{2.18}$$

となる．円板全体のモーメント N_z は円板全体について積分して，

[3] この結果の誘導は章末の問題 2.2 を参照のこと．

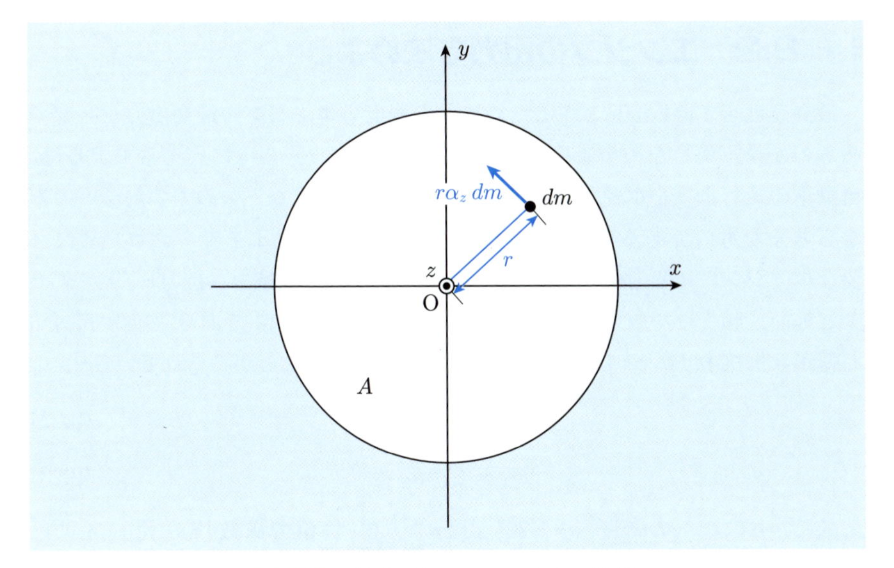

図 2.9　運動量とモーメントとの関係

$$N_z = \alpha_z \iint_A r^2 \, dm = \alpha_z I_z \tag{2.19}$$

を得る．**角運動量** L_z は表 2.1 から，

$$L_z = I_z \omega_z = I_z \frac{d\theta_z}{dt} \tag{2.20}$$

と表されていることから，

$$N_z = \frac{dL_z}{dt} \tag{2.21}$$

の関係となる．すなわち，角運動量 L_z を時間で微分するとモーメント N_z を得ることができる．

2.2　エンジンの出力を決めよう

最高速度を 150 km/h とするためにどの程度のエンジンの最高出力が必要であるのかを，簡単なモデルを用いて計算してみよう．以下に述べるモデルは，自動車の走行抵抗を単純化し，自動車に作用する主要な三つの力の釣合いのみから考えたものである（図 2.10）．三つの力は，自動車を走らせるために必要なエンジンによる牽引力 F_{E}，走行時の空気による抵抗力（抗力）F_{D}，タイヤと地面，軸受けや歯車等の摩擦による転がり抵抗力 F_{R} である．抗力 F_{D} [N] と転がり抵抗力 F_{R} [N] はそれぞれ次式で近似できることが知られている[4]．

$$F_{\mathrm{D}} = \frac{1}{2}\rho C_{\mathrm{d}} A v^2 \tag{2.22}$$

$$F_{\mathrm{R}} = C_{\mathrm{R}} m g \tag{2.23}$$

上式で，ρ は空気の密度（$= 1.225\ \mathrm{kg/m^3}$），C_{d} は**抗力係数** [無次元]，A は自動車の**前面投影面積** [m²]，v は速度 [m/s]，C_{R} は**転がり抵抗係数** [無次元]，m は自動車の質量 [kg]，g は重力加速度 [m/s²] である．

図 2.10　自動車に働く力

エンジンの最高出力は W（ワット）か HP（Horse Power：**馬力**）[5] で表されている．W や HP は**仕事率**（単位時間当たりの仕事，単位は N·m/s）である．エンジンが力 F_{E} で距離 x だけ自動車を動かしたとすると，そのときの仕事は $F_{\mathrm{E}} \cdot x$ となる．エンジンの仕事率（W_{E}）は出力 F_{E} を一定としてこの仕事 $F_{\mathrm{E}} \cdot x$ を時間 t で微分して得ることができる．

---

4) (2.22) については，第 8 章の「流体力学」で解説する．

5) HP と W との換算は 1 HP = 745.7 W である．馬力を力（単位 N）と考えがちだが，単位時間当たりの仕事（仕事率）であることに注意して欲しい．

$$W_{\mathrm{E}} = \frac{d}{dt}(F_{\mathrm{E}}x) = F_{\mathrm{E}}\frac{dx}{dt} = F_{\mathrm{E}}v \tag{2.24}$$

図 2.10 に示した自動車の力の釣合いから，次のようになる．

$$F_{\mathrm{E}} = F_{\mathrm{D}} + F_{\mathrm{R}} \tag{2.25}$$

低速では抗力 F_{D} と転がり抵抗力 F_{R} とが拮抗（きっこう）しているが，速度が 60 km/h あたりから抗力が転がり抵抗力を上回るようになる．特に，今議論しているような最高速度（100 km/h 以上）では，空気抵抗力 F_{D} の方が転がり抵抗力 F_{R} を大きく上回る．ここでは，簡単のために最高速度付近では，F_{R} は F_{D} の 20% 程度である（$F_{\mathrm{R}} = 0.2F_{\mathrm{D}}$）と見なして，(2.25) を書き直してみる．すなわち，下記のように仮定する．

$$F_{\mathrm{E}} = 1.2F_{\mathrm{D}} \tag{2.26}$$

(2.26) の F_{E} に (2.24) を，F_{D} に (2.22) を代入すると，(2.27) を得る．

$$W_{\mathrm{E}} = \frac{1.2}{2}\rho C_{\mathrm{d}} A v^3 \tag{2.27}$$

(2.27) に $C_{\mathrm{d}} = 0.30$, $A = 2.11\ \mathrm{m}^2$, $v = 150\ \mathrm{km/h} = 41.7\ \mathrm{m/s}$ を代入して，

$$\begin{aligned} W_{\mathrm{E}} &= 33700\ \mathrm{W} \\ &= 33.7\ \mathrm{kW} \\ &= 45.2\ \mathrm{HP} \end{aligned}$$

を得る．この結果から，時速 150 km/h 程度の最高速度を実現するためのエンジン出力は約 34 kW（45 HP）程度であることがわかる．しかし，現在，市販されている自動車のエンジンは最高出力が 74.5 kW（100 HP）以上のものがほとんどであり，このような大きな最高出力は 150 km/h 程度の最高速度のためではなく，主として加速性能を得るためであることがわかる．本書では，余裕を見て，エンジンの出力を 110 kW（150 HP）と設定しておこう[6]．

[6] 仕様で決定した，10 s 間で 0 km/h から 100 km/h に至るまでの加速に必要な最高出力も力学を用いて計算することができる．読者が独自に考えて欲しい．

Coffee Break 2.4

● 馬力とは馬の数か ●

ガソリンエンジンが発明された頃は，エンジンを馬車に付けて自動車を作った．この頃は，エンジンはまだ非力であり，馬1頭分ぐらい，馬3頭分ぐらいのエンジン，等の大雑把な出力の評価法であったと想像できる．このことから，馬力という単位が始まったものと思われる．現在では，**動力計**という計測装置でエンジンの出力を計測する．100馬力のエンジンは比較的低出力のエンジンになる．馬100頭で馬車を引張ることなどは発明当初には想像も付かなかっただろう．どこかの馬が，足を絡ませてこけること間違いなしである．

本章で述べたように，力学は自動車の運動を解析する上で有効な手段となる．自動車の運動以外にも，力学は，2年生から学び始める材料力学，流体力学等の基礎となる科目である．慣性モーメントを導く際に用いたベクトル解析や，線形代数で学ぶ行列（式）計算，面積積分や体積積分もこれから専門分野を学ぶ基礎となるので，学習に努めて欲しい科目である．

Coffee Break 2.5

● ライトフライヤー号は曲がるのが不得手だった ●

自転車業を共同経営していたライト兄弟が，1903年にライトフライヤーIで世界初のエンジンの飛行機を飛ばすことに成功したことは有名な話である（図2.11）．ただし，世界初かどうかについては諸説がある．当初の飛行機は旋回

図2.11 ライトフライヤー号の写真
（出典：米国議会図書館）

し，離陸した位置に戻ってくるのが不得手だった．

最初は，操縦者が寝転んでいる位置をずらし，腰に付けたリンク機構を使って主翼をねじり，旋回しようとしたがうまくいかなかった．そこで方向舵を付けて，飛行機を旋回させようとしたが，これもうまくいかなかった．飛行機は，自動車のように車輪の向きを変えるだけではうまく旋回できず，飛行機を傾ける必要がある．飛行機を旋回させるためには，図 2.1 に示したヨーイングとローリングを組み合わせる必要があることにライト兄弟は気付き，やっと，旋回に成功したとのことである．

上記の例は，機械を運動させる場合には，6 自由度の一つだけを考えてもうまくいかない場合も多く，6 自由度のいくつかを組み合わせて考える必要があることを示している．

2 章の問題

□**2.1** 自動車のピッチング，ローリング，ヨーイングはどのような場合に生じるのか，具体的な事例を調べよ．

□**2.2** 図 2.8 に示した円板の慣性モーメントが

$$I_z = \frac{1}{2}mR^2$$

となることを示せ．

□**2.3** 自転車や自動車は走行中にハンドルから手を放しても，まっすぐ進むように**ホイールアライメント**に**キャスター角**が設定されている．なぜ，キャスター角を設定すると直進性が良くなるのかを力学的に考察せよ．

第3章

車体の形状を決めよう
—設計工学—

機械は，食品，薬，コンピュータ，自動車等を製造するあらゆる業界で使用されている．これらの機械の設計を学ぶことができるのは，機械系学科のみである．実際に使用する機械を設計するためには，広範な知識と経験を必要とするので大学だけでの学びでは不十分であるが，本章では，機械がどのように設計されるのかという流れを紹介する．さらに，機械設計の際の留意事項についても，2～3の事例を示す．

3.1 機械設計図面の持つ意義

機械設計図面は，設計者が想定した通りの部品ができあがるように，部品加工に必要なすべての情報が盛り込まれている必要がある．図3.1に設計者と加工技術者との関係を示す．現在のものづくりは技術者の専門分野が細分化されているため，設計者が実際に部品加工に携わることはまれである．多くの場合，設計者は設計図面を加工者に渡し，加工者が設計図面にしたがって加工することになる．場合によっては，設計者と加工者とが別機関に所属していることも珍しくはない．設計通りの部品ができあがることを保証するために，**機械製図法**では図面の書き方が厳密に定められている．

実際の部品の設計にはそれぞれの部品に対応した多くの経験を要することから，大学生に実際の部品の図面を書くスキルを身につけるレベルまでは求められていないが，機械製図に必須の最低限の決めごと（規則）は学習する必要がある．以下では，それらの概要について述べる．

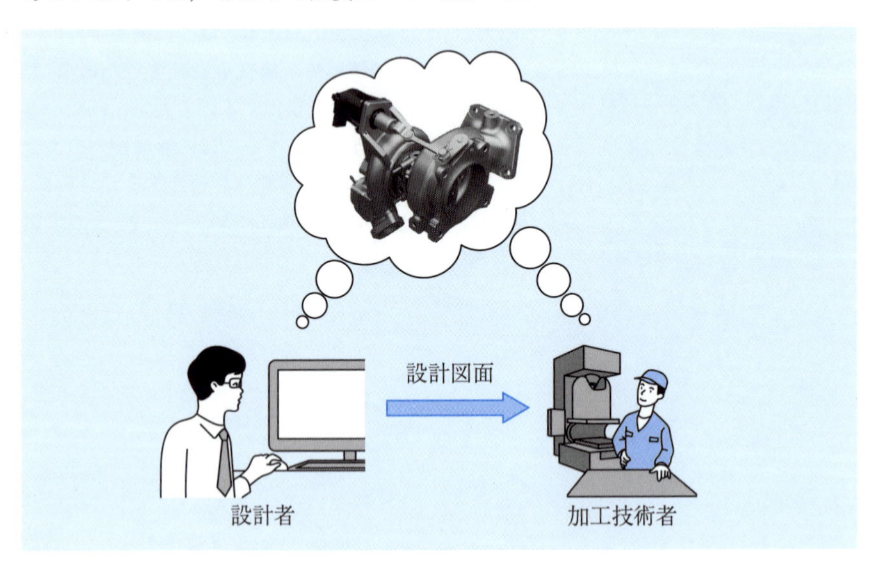

図3.1 設計図面の持つ意義

3.2 三 角 法

機械系の製図では**三角法**を使用する決まりになっている．三角法とは，図3.2に示すように，部品等の前にスクリーンを置いてスクリーンに映る部品の外形線を描く方法である．部品は三次元構造をしているので，一方向から見た図面だけでは部品の形状を十分に表現できない．三次元構造を表現するために三方向から見た図を書く必要がある．三方向の図面の各名称は，最重要と思われる図を**正面図**（**主投影図**）といい，正面図の右側から見た図を**右側面図**，同左側から見た図を**左側面図**という．上から見た図を**平面図**，下から見た図を**下面図**という．正面図の反対側から見た図面を**背面図**という．正面図，1 枚の側面図および平面図の 3 枚の図面で部品の形状を過不足なく表現できるのであれば，これらの 3 枚の図面（**三面図**といわれる）を書くだけで良い．

図 3.2 に示したように，スクリーン上で直接見ることができる外形を表す線を**外形線**といい，図面では実線で描く．スクリーンには直接映らないが，奥にある外形を表す線を**隠れ線**といい，破線で描く．

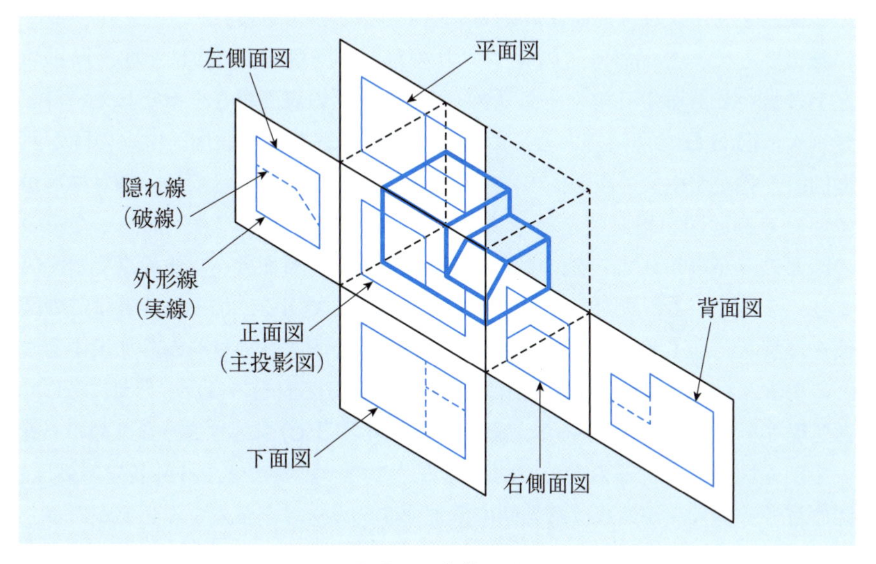

図 3.2　三角法の説明

3.3 CADソフト

設計図面の作成には**CAD**（Computer Aided Design）というソフトを用いる．代表的なソフトにはFusion 360, SOLIDWORKS, CATIA, AutoCAD等がよく知られている．それぞれのソフトによって使い方が異なるので，設計製図の講義で使用されるソフトの使用方法を学習する必要がある．

上記の三面図は部品や製品の形状が直観的にわかりにくいので，最近では三次元のCAD（以下，3D CAD）が用いられることが多くなってきている．図3.3(a)に歯車ポンプの組み立て3D CAD図を左上に，その右下に三面図と**断面図**を示す．三面図では慣れないと図面に書かれた部品の形状をイメージしにくいが，3D CAD図では直観的に歯車ポンプの形状を把握することができる．この図面は**組み立て図**であり，17の部品から構成されていることが，右上の部品の一覧からわかる．したがって，この歯車ポンプを製作しようとすると，この組み立て図以外に17枚の**部品図**が必要である．最近の3D CADでは三次元図面を作成すれば，自動的に三面図を生成してくれるものが多いので，その機能を利用すれば図面作成を効率化することができる．

一例として，部品番号7のVプーリの部品図を図3.3(b)に示す．同図の左上に書いてある逆三角マーク（▽）はこの部品の**表面粗さ**を指定している記号（次節図3.8参照）である．この図では，一番右が正面図，中央の図が断面図，一番左が中央の断面図の一部拡大図である．この部品では，軸対称部が多いため側面図や平面図を書かなくても全体形状が把握でき，前記した三つの図面のみが書かれている．中央の図面のように，断面は**ハッチング**で示す決まりになっている．また，図面には寸法が記入してある．加工技術者はこの図面を理解し，加工する工作機械を選定し，適当な大きさの材料から加工することになる．したがって，設計図面には部品に使用する材料のほか，必要に応じて**熱処理**等を記入する必要がある．そのため，図3.3(c)に示すような部品の一覧表を別途図面に付けるのが一般的である．この一覧表には，材料名や熱処理，図面番号，購入品があれば購入品の型番やメーカー等を記入する必要がある．

設計図を作成する際には，ネジ（ボルトやナット），歯車，**公差**の付け方等々，多くの規格を学習する必要がある．大学の学部時代に図面製作の基礎はしっかりと学習をしておきたい．

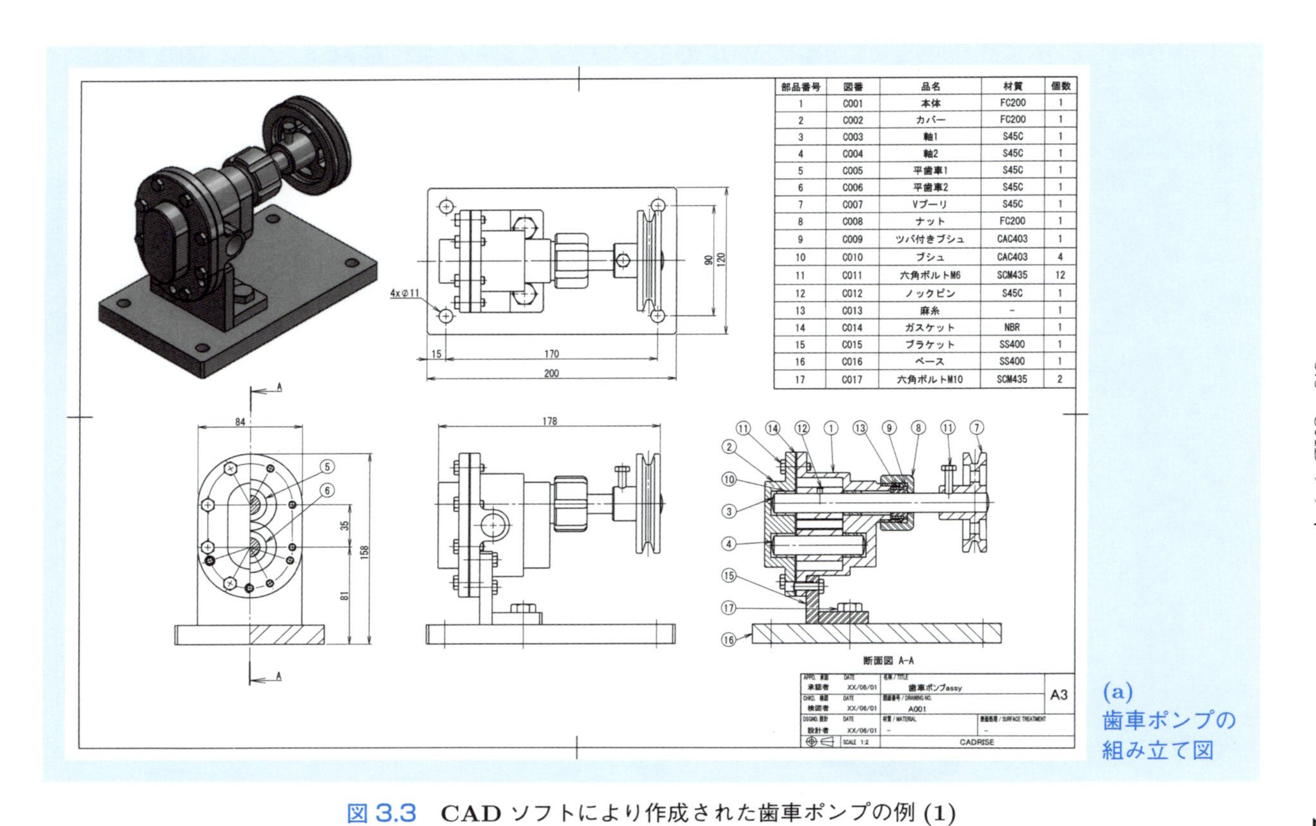

図 3.3 CADソフトにより作成された歯車ポンプの例 (1)
（出典：(株) アドライズほか編, 「よくわかる 3 次元 CAD SOLIDWORKS 演習 図面編」p.258, 日刊工業新聞社）

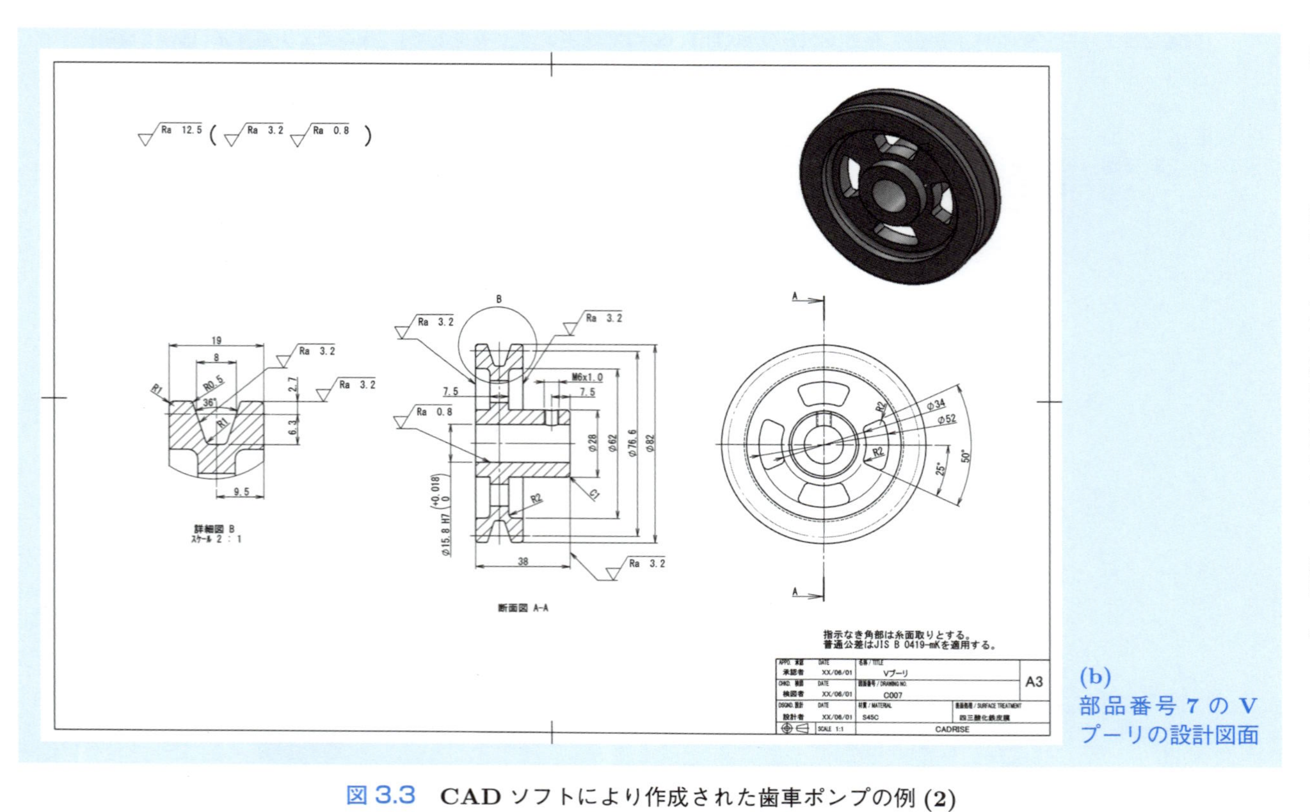

図 3.3 CAD ソフトにより作成された歯車ポンプの例 (2)

（出典：(株) アドライズほか編,「よくわかる 3 次元 CAD SOLIDWORKS 演習 図面編」p.262, 日刊工業新聞社）

部品番号	図番	品名	材質	個数
1	C001	本体	FC200	1
2	C002	カバー	FC200	1
3	C003	軸1	S45C	1
4	C004	軸2	S45C	1
5	C005	平歯車1	S45C	1
6	C006	平歯車2	S45C	1
7	C007	Vプーリ	S45C	1
8	C008	ナット	FC200	1
9	C009	ツバ付きブシュ	CAC403	1
10	C010	ブシュ	CAC403	4
11	C011	六角ボルトM6	SCM435	12
12	C012	ノックピン	S45C	1
13	C013	麻糸	-	1
14	C014	ガスケット	NBR	1
15	C015	ブラケット	SS400	1
16	C016	ベース	SS400	1
17	C017	六角ボルトM10	SCM435	2

(c) 部品表

図 3.3 CAD ソフトにより作成された歯車ポンプの例 (3)

（出典：（株）アドライズほか編,「よくわかる 3 次元 CAD SOLIDWORKS 演習 図面編」p.258, 日刊工業新聞社）

■ 例題 3.1 ■

図 3.4 に示す，二つの直方体ブロックを一体化した物体の正面図，右側面図および平面図を手書きで作成せよ．

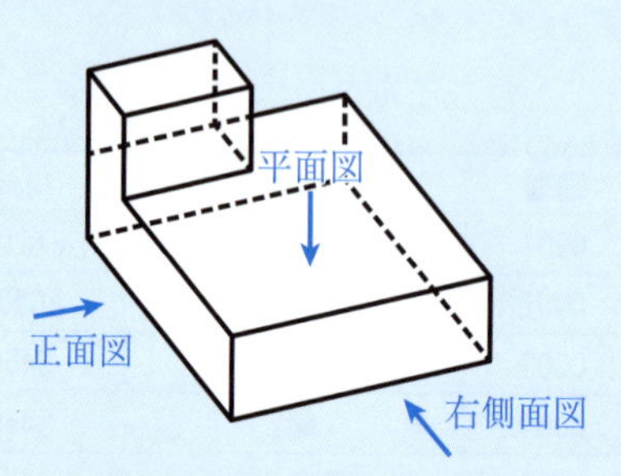

図 3.4　二つの長方形ブロックを一体化したブロック

【解答】 図 3.5 に三面図を示す．それほど難しい図面でもないので，比較的短時間で作成できるかと思われる．注意点は，上に乗っているブロックとの境界線が正面図では見ることができないので，正面図で破線になることである．

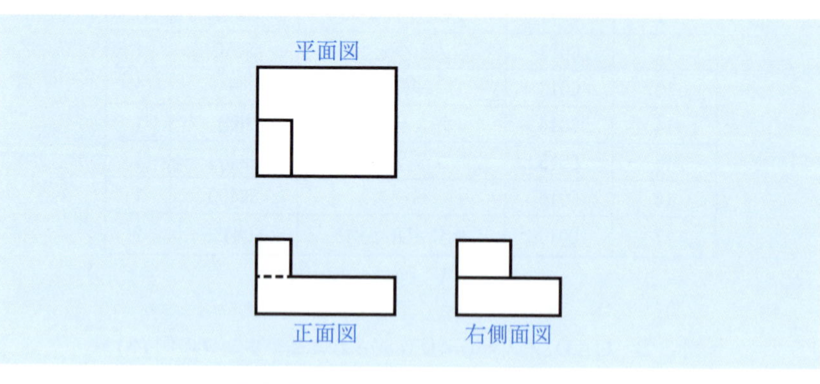

図 3.5　図 3.4 のブロックの三面図 ■

3.4　図面を書く際のいくつかの留意点

機械設計図面を書く際には，多くの留意点があり，それらを理解するには多くの学習と経験が必要である．ここでは，著者が経験した範囲で，重要と思われる点をランダムに書いておきたい．なお，ここで述べる事項は留意点の全体を網羅したわけでもないので，その点には注意して欲しい．

(1)　曲率のないコーナー部を書いてはいけない

まずは最も重要な留意点であり，図面を初めて書くときによくする失敗である．図 3.6 に段付き丸棒の模式図を示す．読者は，まだ製図の基本的な規則を学習していない可能性もあるので，この図の書き方は製図の規則にしたがっていない．この部品は，細い円柱と太い円柱を合体させたような形状（**段付き丸棒**という）をしており，一つの材料から一体の部品として**旋盤**で加工するとしよう．そして，この部品には，細い円柱部分に引張または曲げ荷重が負荷されるとする．問題は，図 3.6 の右図の○で囲った部分をどのように描くかという点である．図面を初めて書いたときには，恐らく，この部分は直交するように二つの直線を結んでしまうと思われる．直交するように直線を結ぶと，下記の二点が問題となる．

① 完全に二つの直線が直交するような加工はほとんど不可能である．恐らく，加工担当者から，直交する部分ではどの程度の曲率の許容度があるのか，という質問が返ってくるだろう．

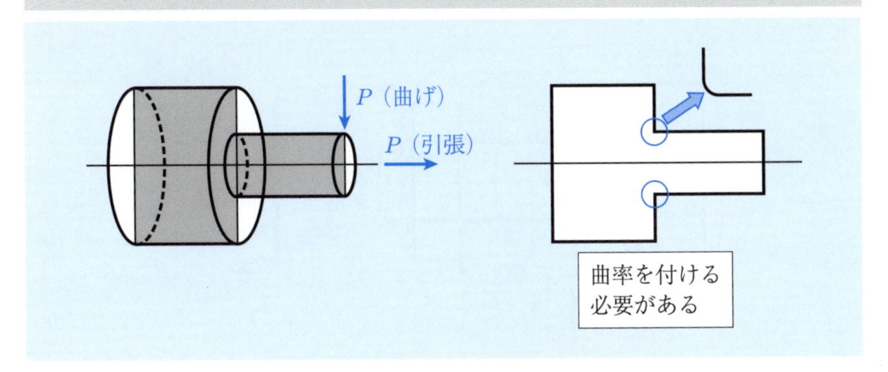

図 3.6　コーナー部は曲率を付ける

② 完全に直交する部分では，理論的には無限大の**応力**（単位面積当たりの力）が発生し（**応力集中**という），この部分から必ず壊れる．したがって，二つの線が交わる交点には，**曲率**（機械系では**R**（アール）という）を必ず付ける必要がある，ということを覚えておく必要がある．これは，**設計法**の基本的な原則であり，いくら強調してもしすぎることはない．これまでも，この応力集中によって，多くの事故が発生してきた．高速増殖炉のもんじゅのNa漏れの事故も，応力集中が原因の一つであると言われている．必ず，曲率を持った円形状Rで二つの直線を結ぶ必要がある．なお，二直線の交叉（こうさ）角度が90°以外の場合でも同じことが生じる．

(2)　はめ合いは重要

図3.7に段付き丸棒を平板の穴に差し込み，ナットで段付き丸棒の当たり面と平板の当たり面同士を接触させ，ナットで固定する部品を示す．上記(1)で述べた段付き丸棒の角部にRを付けると，図3.7のA部に示すように，穴の角にも適切なRを付けないと，段付き丸棒と平板とがぴったりと接しない．したがって，丸棒の角にRを付けた場合には，図3.7のB部に示すように，平板の穴部の角には，段付き丸棒のRより大きなRを付ける必要がある．Rでなくても，図に示すように**C**（シー）（直線状に角を削る）を付けてもよい．

もし，図3.7のC部に示すように段付き丸棒を平板の穴にぴったりはめようとすると，段付き丸棒と平板の間に①**はめ合い記号**，または②**公差**を書

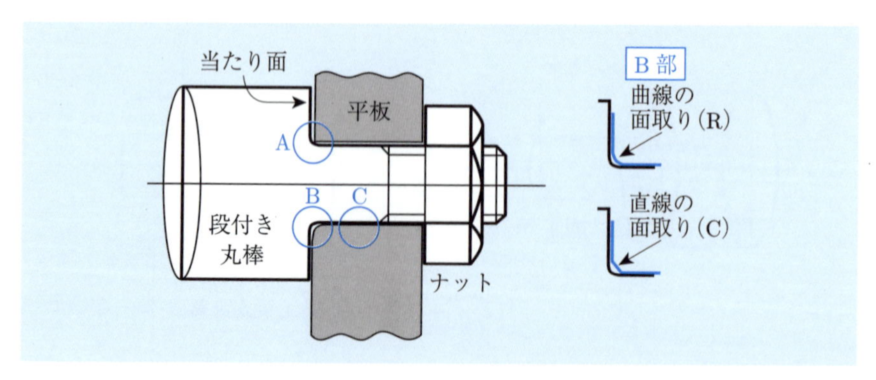

図3.7　当たり面とインロー

き入れる必要がある．はめ合い記号には，はめ合い間で移動が可能（**すきまばめ**），高精度な位置決め（**中間ばめ**），永久に結合（**しまりばめ**）等があり，用途に応じて適切なものを用いる．公差を直接図面に書く場合には，軸側を $\phi10^{+0.00}_{-0.05}$（直径 ϕ を $10.00-0.05\,\mathrm{mm} \leq \phi \leq 10.00+0.00\,\mathrm{mm}$ の範囲内で加工するという意），穴側を $\phi10^{+0.05}_{-0.00}$（直径 ϕ を $10.00-0.00\,\mathrm{mm} \leq \phi \leq 10.00+0.05\,\mathrm{mm}$ の範囲内で加工するという意）と書きそうだが，これだと軸側が $\phi10+0.00$，穴側が $\phi10.00+0.00$ で加工された場合に，軸が穴に入らないことがあるので，穴の最大径を軸の最大径よりも常に大きくなるように書く必要がある．たとえば，軸を $\phi10^{-0.02}_{-0.05}$，穴を $\phi^{+0.03}_{+0.00}$ とすればよい．ただし，これだと最大 0.08 mm の差が生じる可能性もあるので，どちらかと言えば，慣れない間ははめ合い記号を用いた方が安全だろう．

(3)　表面粗さは小さい方が良いのか

機械製図には，**表面粗さ**を必ず記入しなければならない．表面粗さは図 3.8 に示すように対象となる面に三角形マークを付け，そこから右上に上がる引出し線を描き，その下に**平均粗さ（Ra）**を記入する．単位は μm（10^{-6} m）であり，この図では，表面粗さが 1.6 μm 以下になるように加工することを指示している．表面粗さは，表面の凹凸の程度を示す指標であり，加工精度でないことに注意して欲しい．それでは，表面粗さは小さい方が良いか，といえば，そんなことはない．表面粗さを小さくすれば，精度の高い加工装置や加工方法を使用する必要があり，加工費用が高くなる．したがって，可能な限り表面粗さは大きくするのが加工費用の点では良い．しかし，はめ合い等の場合にははめ合いの公差を保証できるだけの小さい表面粗さを指示しておく必要がある．

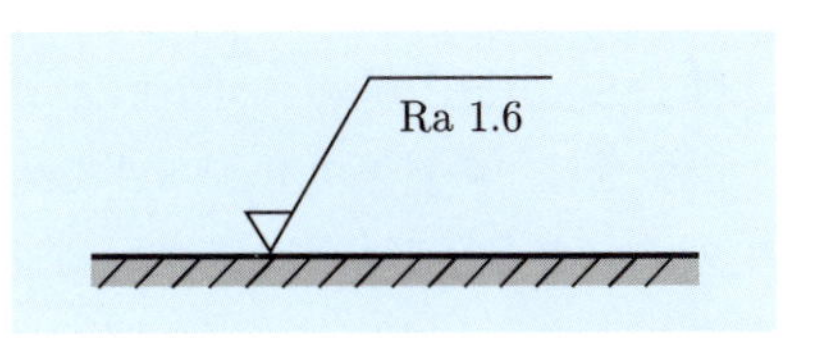

図 3.8　表面粗さの表示法

(4)　設計図面の部品は加工ができるのか

図面に書いた部品が，実際に加工可能かどうかという点についても充分に配慮する必要がある．最近では，加工技術の発展に伴い，部品を一つだけ作るのであれば，難しい図面でも加工可能であるが，安定した加工精度で量産部品を作ることは難しく，加工費用も高くなる．

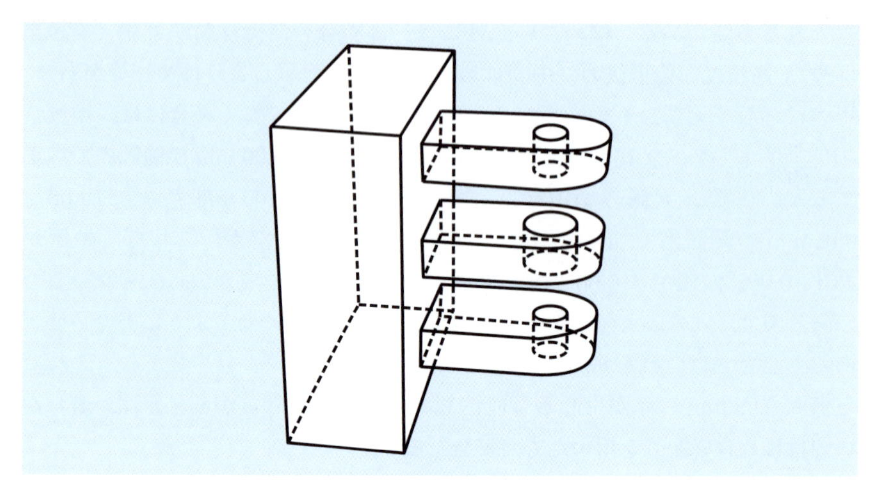

図 3.9　加工が難しい図面

図 3.9 に加工が難しい図面の一例を三次元的に示す．図には，縦方向に三つの軸受け用の貫通丸穴があけてある．上と下の丸穴は同じ直径であるが，中央の丸穴の直径だけが大きい．この図面では丸穴は**ボール盤**または**フライス盤**で加工すると想定される．そうすると，ボール盤またはフライス盤に**ドリル**または**エンドミル**を取り付けて回転させながら丸穴を上（または下）から加工するのが最も簡単な加工法である．もし，この加工法を採用すれば，3 個の丸穴は同じ直径でなければならない．この図面通りの加工をどうしてもしないといけないのであれば，一旦，同じ直径の丸穴を開けてから，再度，真中の穴の径を大きくする加工をしなければならない．これには，追加の加工費用が必要となる．この例は，加工しにくい図面例であり，避けた方が良い一例である．対応としては，一旦書いた図面を加工担当者に見てもらい，どのように図面を修正したら加工しやすいかを教えてもらうのが，良い図面作製の上達への最短路であると思われる．

(5)　量産品があれば使おう

製作しようとしている部品が，**量産品**（既製品）または量産品に少し追加工をして済むようであれば，量産品を積極的に使用する方が加工精度や費用の点で遥かに良い．もし，量産品があるのであれば，それを積極的に使用しよう．

(6) 部品の製作費

図面を書いた部品を製作する際にどのくらいの費用になるのかを，ある程度作図時に見積もることは，図面を書く上で重要な要素である．正確な**製作費**は見積りを取った段階で金額が出てくるが，その金額がどのような積算方法から構成されているのかを予め知識として持っておくことも部品加工の費用を抑える点から重要である．部品の製作費は概して下記のような構成になっている．

部品製作費 = 材料費 + 加工人件費 + 加工装置の費用 + 間接経費 + 利益

材料費は文字通り部品に使用する材料を入手するのに必要な経費である．加工人件費は部品を加工する技術者の人件費であり，技術者の時間単価×加工時間数で積算される．たとえば，時間単価 6,000 円/時間の技術者が 10 時間加工に携われば，人件費だけで 6,000 円/時間 × 10 時間 = 60,000 円となる．加工装置の費用は，加工に必要なドリル，バイト等の消耗品および加工装置の購入・維持費用となる．もちろん，加工装置は，この製作部品のみのために購入したのではないことから，数年時に渡って購入費用を分配して製作費に加算することになる．加工装置のメンテナンス費用（維持費）もこの費用に含まれる．このことからも，加工精度を過度に追求して，高額な加工装置で部品を加工すれば，加工費が高くなることが理解できるだろう．

3 章の問題

□**3.1** ボルトとナットにはどのような種類があるか，規格を調べよ．

□**3.2** 歯数の異なる二つの歯車をうまくかみ合わせるためには，何が必要かについて調べよ．

□**3.3** 図 3.7 に示すような締結部の平板に M10 程度のボルトを通すネジの切っていない穴の直径はどの程度必要かを調べよ．

第4章

壊れず故障しない自動車にするには　—材料力学—

近年では，コンピュータと**CAE**（Computer Aided Engineering）ソフトが発展し，ほとんどの実部品に発生する応力やひずみは**有限要素法**という手法を用いて**数値計算**で求めることができる．しかし，その際，**応力**や**ひずみ**の考え方や取り扱いの基礎を理解しておく必要がある．この基礎の理解なしに数値計算に全面的に頼ると，入力間違いや適正でない**境界条件**の下で出力された解析結果を不見識に信じてしまうことになる．これは，時によっては極めて危険である．したがって，数値計算技術が発展した今日においても，大学で学ぶ基礎理論の重要性が以前よりも，より増しているといえる．本章では，丸棒や平板に**引張**，**曲げ**，**ねじり負荷**を与えたときの，応力とひずみの算出方法やこれらの部材内の応力分布等について概観してみたい．

4.1　材料の強さをどのようにして測るのか

4.1.1　引張負荷

自動車には種々の材料が使用されている．自動車の車体は**鉄**[1]が多用されているし，窓はガラス，タイヤはゴムである．なぜ，ガラスの車体，鉄のタイヤ，ゴムの窓ではいけないのだろうか．最後のゴムの窓では車内から外が見えず運転ができないので論外ではあるが，前の二つはなぜだめなのだろうか．この理由は，材料の機能や力学的な性質によっている．この材料選択の際の材料の**力学的性質**について，本章では考えてみよう．

図4.1 に，自動車が動けないときに牽引するための**アイボルト**と呼ばれている部品の取り付け方とアイボルトの拡大図を示す．アイボルトは，そのフックにチェーンやベルトを取り付け，自動車を緊急時に牽引するために使用する．その際，アイボルトには引張荷重が作用することになる．このような負荷形態を**引張負荷**という．牽引時に，どの程度の荷重までこのアイボルトは耐えることができるのか．この点をまず考えてみよう．

長さ l_0，断面積 A の丸棒を荷重 P で引張ったとき，長さが Δl だけ伸びた丸棒の模式図を図4.2 に示す．この丸棒の**引張特性**を，棒の単位面積当たりの力と単位長さ当たりの伸びを用いて整理する．単位面積当たりや単位長さ当

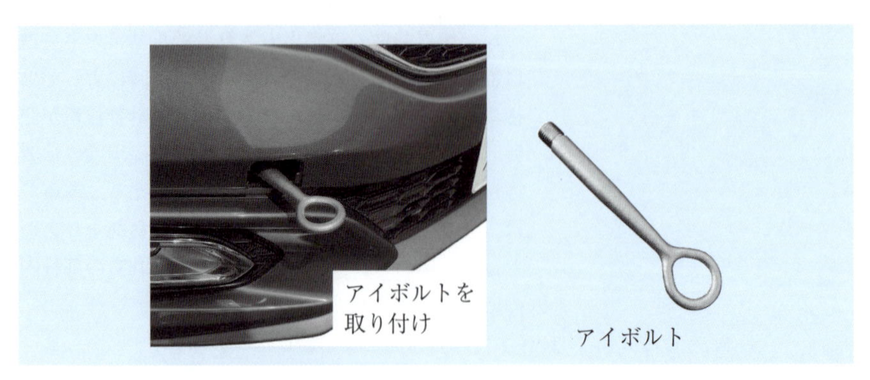

図4.1　自動車の牽引ロープの取り付け用のアイボルト

[1] ここでは，わかりやすいように鉄という用語を用いたが，機械系学生が使用するのにはあまりふさわしい用語ではない．「炭素鋼」との用語がふさわしいが，わかりやすさを優先した．炭素鋼の意味については，第5章を参照して欲しい．

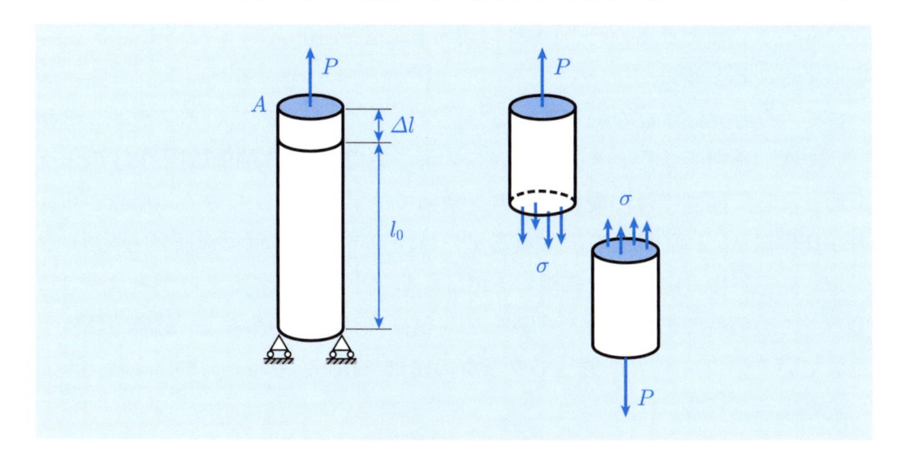

図 4.2　引張試験での荷重 $\boldsymbol{P}$ と伸び $\boldsymbol{\Delta l}$

たりを考えることによって，棒の断面積や長さに依存しない材料特性の比較が可能となる．単位面積当たりの力として，下記の式で示される**垂直応力** σ が通常使用される．

$$\sigma = \frac{P}{A} \tag{4.1}$$

ここで注意して欲しいのは，応力は**図 4.2** の右図に示すように**外力**ではなく，荷重 P が負荷されたときに丸棒内部に発生する**内力**を指すということである．言い換えると，応力とは，「荷重を負荷したときに物体に生じる単位面積当たりの内力」，が最もふさわしい定義である．荷重は N の単位を，応力は $\mathrm{N/m^2}$ の単位を有している．

地球に存在するすべての材料は多かれ少なかれ力を負荷すると変形する．したがって，力を加えた際の変形を記述する方法を調べておくことは，材料の変形や破壊を定量的に理解する上で必要である．**図 4.2** の棒を荷重 P で引張ったとき，Δl だけ伸びたとする．このときの単位長さ当たりの伸びを**ひずみ** ε と呼び，材料の伸び特性を表示する指標とする．ひずみ ε は下記の式で定義される．

$$\varepsilon = \frac{\Delta l}{l_0} \tag{4.2}$$

ひずみを (4.2) で定義した場合には，mm/mm の無次元の単位となるが，あまりにも小さい値となるため，(4.2) で得られる値を 100 倍してパーセント（%）表示することが多い．

さて，たとえばさびない（銹びない）材料でよく知られている**ステンレス鋼**（不銹鋼）を引張ったとき，ステンレス鋼の**応力-ひずみ関係**は図 4.3 のような形となる．同図では，縦軸に応力，横軸にひずみをとっている．原点から応力が**比例限** σ_y と呼ばれる値に至るまでは，ステンレス鋼は直線的な応力-ひずみ関係を示す．応力が比例限以下では，荷重をゼロにするとひずみはゼロに戻る．この領域での応力とひずみとの比例関係は，バネの荷重-変形関係によく似ているので，バネに倣って**フックの法則**（Hooke's law）と呼ばれ，下記の式で表示される．

$$\sigma = E\varepsilon \tag{4.3}$$

E は丸棒の**バネ定数**に相当する材料定数であり，**ヤング率**（Young's modulus）と呼ばれている．さらに比例限以上の点 P まで荷重を加え，その後荷重を下げると破線に沿って変化し，荷重を 0 にしても点 C の**永久ひずみ**が残る．この永久ひずみのことを**塑性ひずみ**というが，この塑性ひずみの定量的な取り扱いについてはかなり難しいので，これ以上は触れない[2]．その後さらに荷重

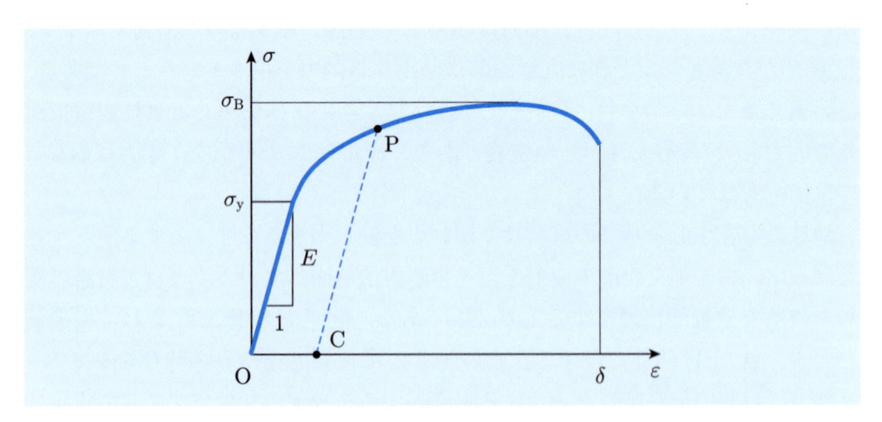

図 4.3　ステンレス鋼の引張試験で得られる応力（σ）-ひずみ（ε）関係の模式図

[2] 塑性ひずみの体系的な取り扱いについては，大学院科目の「**塑性力学**」で学習する．

を加えると，応力は最大値 σ_B に達した後に下がりはじめ，突然二つに分離破断する．最大値 σ_B を**引張強さ**，破断したときのひずみを**破断伸び** δ（**破断延性**ということもある）と呼ぶ．

注意 フックの法則は，$P = k\delta$ と表示される．P は荷重 [N]，δ はバネの変位 [m] で k はバネ定数 [N/m] である．しかし，図 4.3 の応力は [N/mm^2]，ひずみは無次元 [m/m]，ヤング率は [N/mm^2] であり，バネの場合とは単位が異なることに注意して欲しい．また，(4.3) が成立するのは，**単軸応力**下（応力が一方向のみに生じる場合）のみである．二方向に応力が生じる場合には，**組み合わせ応力**下での応力-ひずみ関係を使用する必要がある．

引張強さはステンレス鋼が耐えることができる最大の応力であり，これ以上の応力が生じると，つまり荷重が大きくなると部品は壊れることになる．さらに，比例限以上の負荷がかかる部品では，部品が変形してしまう．これらのことから，永久変形を生じることなくこのステンレス鋼を使用する場合には，部品に生じる応力を比例限以下に設定する必要がある．実際には，部品に応じて**安全率**という係数で比例限を割って設計する．

例題 4.1

図 4.2 に示した丸棒の直径が 10 mm であるとき，この丸棒を 5,000 N の力で引張るときに生じる引張方向の垂直応力の値を求めよ．

【解答】 直径 10 mm の丸棒の断面積は $A = \frac{\pi}{4}10^2 = 78.5\ \mathrm{mm}^2$ となる．(4.1) から応力は，

$$\sigma = \frac{P}{A} = \frac{5000}{78.5} = 63.7\ \mathrm{N/mm^2} = 63.7 \times 10^6\ \mathrm{N/m^2} = 63.7\ \mathrm{MPa}$$

となる． ■

4.1.2 曲げ負荷

図 4.4 に自動車の後輪のサスペンション部に使用されているリーフスプリングを示す．リーフスプリングとは，板バネを何枚か重ね合わせた構造をしており，このバネ構造を介して車輪に加わった荷重の車体への衝撃を緩和する機構である．リーフスプリングには，自動車の後輪の上下動によって曲げ荷重が

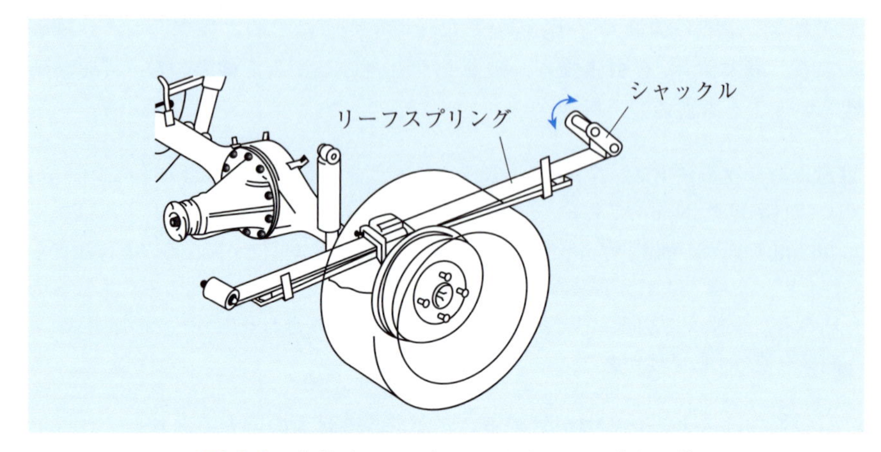

図 4.4　後輪サスペンションのリーフスプリング

図 4.5　平板の曲げ負荷

発生する．このような負荷形態を**曲げ負荷**という．以下では，曲げ荷重が負荷された平板の応力とひずみについて考えてみよう．

図 4.5 に示すように，長さ l，幅 b，厚さ h の平板の一端を固定し，他端の幅中央に荷重 P を負荷した場合（**片持ちばり**）を考えよう．当然，この板は下方に曲線的に変形する．この板の応力とひずみはどのように考えればよいのだろうか．曲げを受ける場合の応力は，(4.4) で算出することができる．

$$\sigma = \frac{M}{Z} \tag{4.4}$$

ここで，M は平板に負荷される**曲げモーメント**，Z は**断面係数**である．図

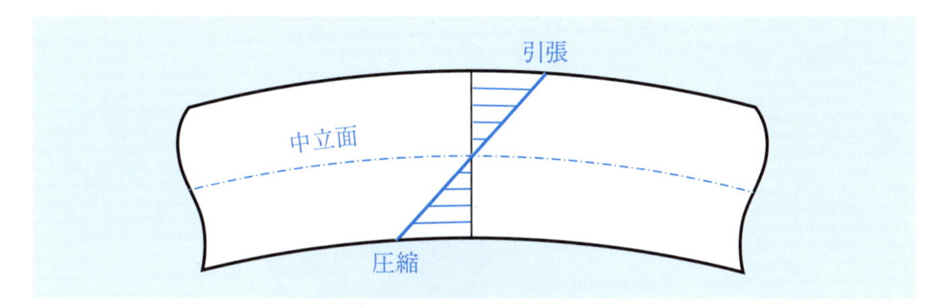

図 4.6　平板内の曲げ応力

4.5 の場合には，モーメントは固定端で最大値となる[3]．したがって，固定端で最大応力が生じることになる．また，曲げ変形の場合には，図 4.6 に示すように平板の上面では引き延ばされる**引張応力**が，下面では押し縮められる**圧縮応力**が生じる．板厚の中央部の**中立面**と呼ばれる面では応力の値は 0 となる．応力は直線的に板厚方向で変化する．断面係数 Z は板厚方向の最大応力が算出できるように設定されている．平板の断面係数は $Z = \frac{1}{6}bh^2$ となる．

曲げの場合のひずみは，(4.4) で求めた応力を (4.3) に代入して求めることができる．図 4.5 のように片持ちばりに荷重を負荷すると，このはりはたわむが，たわみ量も定量的に計算できる．しかし，たわみの定量的な定式化は本書の範囲を出ると思われるので，興味のある人は本ライブラリの「材料力学入門」（第 8 章）や「機械工学系のための数学」（7.5 節）を参照して欲しい．

4.1.3　ねじり負荷

ねじり負荷も部品等の信頼性を保証する上で重要な負荷形態であり，ねじり負荷での応力やひずみの算出方法についても，学習しておく必要がある．ねじり負荷を受ける自動車部品としては，図 4.7 に示すエンジンまたはモータの回転を車輪に伝える**ドライブシャフト**があげられる．これらの部品は，自動車を前に進めるための最重要部品の一つだろう．

図 4.8 に示すように，長さ l，半径 r の円柱の左端を固定し，右端にモーメント M を負荷するねじりを考える．右端での**ねじれ角**を φ，φ を長さ l で除

[3] モーメントは荷重点までの距離 × 荷重で定義される．モーメントの分布は固定端で最大値 Pl（荷重 P，平板の長さ l）となり，荷重負荷点で 0 の線形分布となる．

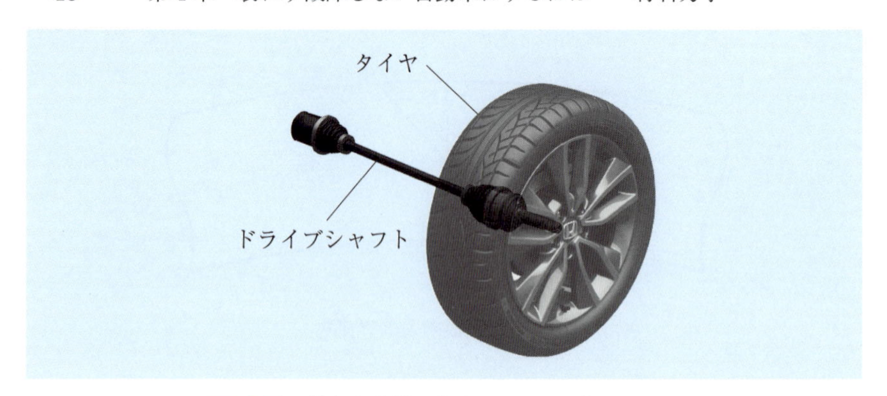

図 4.7　動力を車輪に伝えるドライブシャフト

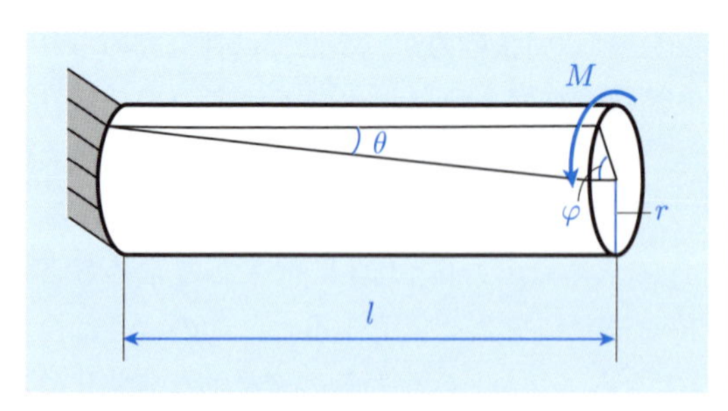

図 4.8　ねじり負荷でのねじれ角 φ と比ねじれ角 $\boldsymbol{\theta}$

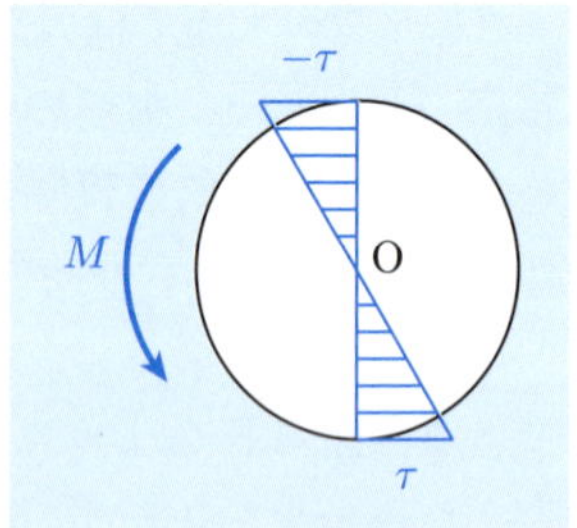

図 4.9　丸棒断面のせん断応力 $\boldsymbol{\tau}$ の分布

した**比ねじれ角**を θ $\left(= \frac{\varphi}{l}\right)$ とする．ねじりについても，図 4.9 に示すように丸棒断面で半径方向に応力やひずみが直線的に分布しており，最も応力の大きい最外面での応力が，強度評価上の対象となる．この最外面の応力は (4.5) で求めることができる．

$$\tau = \frac{M}{Z_{\mathrm{p}}} \tag{4.5}$$

(4.5) で τ は**せん断応力**，M は**ねじりモーメント**，Z_{p} は**極断面係数**である．せん断応力 τ は垂直応力 σ とは異なる種類の応力であり，図 4.10 に示すように作用面に平行な応力である．図 4.11 に示すように，せん断応力によって直方体の角度が γ だけ角度変化を生じるとする．このときの角度 γ $(\fallingdotseq \tan\gamma; \gamma \ll 1)$ を**せん断ひずみ**と呼ぶ．

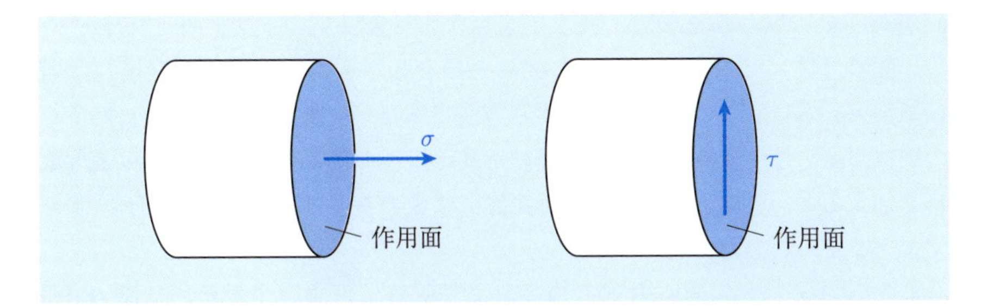

図 4.10　垂直応力 σ とせん断応力 τ

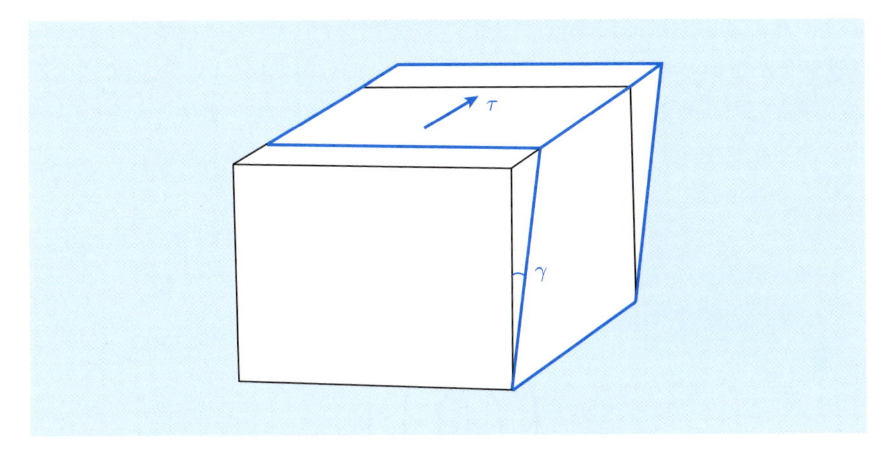

図 4.11　せん断ひずみ γ の定義

せん断応力 τ とせん断ひずみ γ は，(4.3) と同様に (4.6)（フックの法則）によって関係づけられる．

$$\tau = G\gamma \tag{4.6}$$

(4.6) での G は**剛性率**と呼ばれている[4)]．極断面係数 Z_{p} の「極」は，(4.4) で示した曲げでの断面係数とは異なる係数であることから付けられている．直径が d（$= 2r$）の丸棒の場合には，極断面係数は $Z_{\mathrm{p}} = \frac{\pi d^3}{16}$ となる．

ねじり負荷と関連してせん断応力 τ を説明したが，ややイメージしにくい

---

4) ヤング率 E と剛性率 G は材料の弾性的性質を表す二つの重要な材料定数であり，鉄鋼材料では $E = 200 \times 10^9\ \mathrm{N/mm^2}$, $G = 80 \times 10^9\ \mathrm{N/mm^2}$ 程度の値となる．鉄鋼材料には第5章で示すように多くの種類があるが，鉄鋼材料のこれらの値はほとんど上記の値となる．

面があったと思われるので，異なる視点からせん断応力 τ を説明しておきたい．図 4.12 にピンで上下二つの部品を接合したものを示す．ピン接合は回転を拘束せずに二つの部品を接合する方法であり，自動車をはじめとして多くの機械部品に使用されている．上部の部品と下部の部品のそれぞれに引張荷重 P を加えると，S で示したピンの断面部には S の左側は上に，右側は下にずらすようなせん断応力が発生する．

垂直応力 σ とせん断応力 τ との差をより明確に再確認するために図 4.10 をもう一度見てみよう[5]．引張負荷で示した垂直応力は面に垂直に作用する応力を，せん断応力は面に平行に作用する応力をいう．応力の種類にはこれら 2 種類しかないので，この差はしっかり理解しておいて欲しい．次節で述べるが，垂直応力とせん断応力とは材料の破損に与える厳しさ（効力）が異なるので，注意を要する．

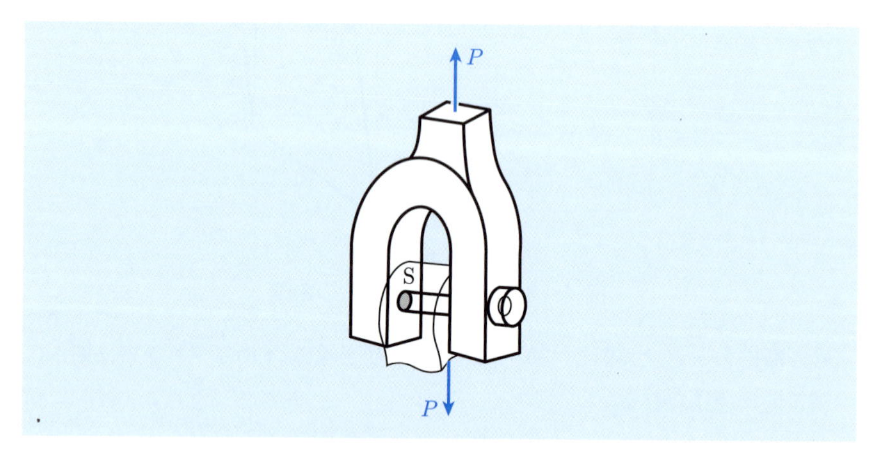

図 4.12　せん断応力が生じるピンジョイントの例

[5] この図をそのまま見ると，垂直応力の図は右側に飛んでいくような図，せん断応力の場合は，反時計方向に回転しながら上に飛んでいくような図となっている．この章では，物体が移動しない静的釣合いのみを考えているので，実際には並進や回転をしないように他の応力も作用しているのであるが，これらの応力を図に表示すると煩雑になるので省略してある．

例題 4.2

図 4.13 に示すように，断面の幅 b および厚さ h の平板を曲げた場合の断面係数および直径 d の丸棒をねじった場合の極断面係数を調べよ．併せて，それらから求められる応力がどの位置で生じるのかを調べよ．

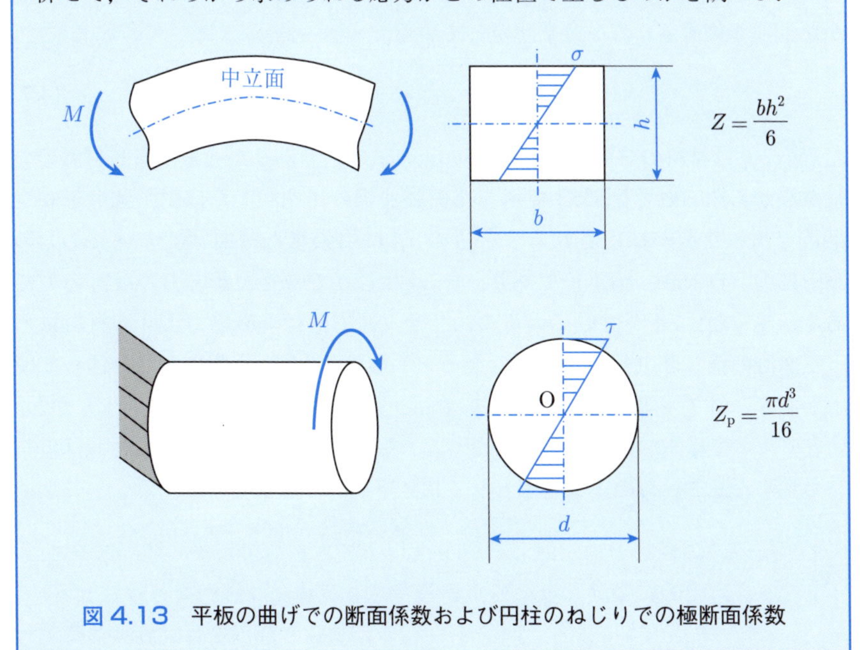

図 4.13　平板の曲げでの断面係数および円柱のねじりでの極断面係数

【解答】 図 4.13 に示すように，幅 b および厚さ h の平板を曲げた場合の断面係数は，$Z=\frac{bh^2}{6}$ である．直径 d の丸棒をねじった場合の極断面係数は $Z_p=\frac{\pi d^3}{16}$ となる．同図に示したように，曲げでは板厚中央部での応力は 0（ゼロ）であり，応力は板厚方向に線形に分布する．(4.4) の $\sigma=\frac{M}{Z}$ で算出される垂直応力 σ は，板厚表面での最大値の値である．丸棒をねじる場合も，軸中心からの応力分布は線形となり，(4.5) の $\tau=\frac{M}{Z_p}$ で算出されるせん断応力は表面での最大値である．■

4.2　強度設計法の基本的な考え方

実際に製作した部品が壊れないようにするには，(4.7) の関係が成立する必要がある．なお，(4.7) では簡単のために，引張，曲げ，ねじり負荷のいずれかが単独で負荷される場合を想定している．

$$\sigma_A > \sigma_D \text{ or } 2\tau_D \tag{4.7}$$

左辺の σ_A は材料の**許容応力**（Allowable stress）であり，通常は当該材料の引張試験から得られる図 4.3 で示した引張曲線の比例限または引張強さを安全係数で割った値が採用される．右辺の σ_D は引張または曲げでの垂直応力の**設計応力**（Design stress）であり，τ_D はねじりでのせん断応力の設計応力である．τ_D の前に 2 が付いているのは，せん断応力は垂直応力よりも材料にとって 2 倍の厳しさ（効力）があることを示している[6)]．実際に部品を作って使用しても，(4.7) の関係が成立していれば，部品が壊れることはない．しかし，場合によっては当該部品が変形したり，き裂が入ったり，最悪の場合には破断したりする．これらの主な要因としては，下記の 3 点が考えられる．

① 左辺の許容応力は，同じ材料を使用しても負荷の形態によって異なる．時間的に変動しない荷重が負荷される場合（**静負荷**と呼ばれる）に較べて，周期的に変動する疲労荷重が負荷される場合（**疲労負荷**と呼ばれる）には，許容応力を下げる必要がある．また，材料が腐食（さびる）したりする環境でも，許容応力を下げる必要がある．したがって，材料を使用する際の負荷や環境条件を適正に把握する必要がある．

② 静負荷においても，金属材料（5.2 節で詳述）が高温下（絶対温度表示で融点の $\frac{1}{2}$ の温度を指す）で使用される場合には，時間の経過に伴って変形が進むことがある．この現象をクリープという．**クリープ**現象が生じると，機械部品が時間に伴って変形したり，最悪の場合

---

6) せん断応力について 2 を付けるのは，**相当応力**という考え方に根拠がある．2 に代わって $\sqrt{3} = 1.73$ とする考え方もある．ここでは覚えやすいように 2 の方を書いた．相当応力については，「**塑性力学**」で学習する．

表 4.1 引張，曲げ，ねじりでの応力の計算式

	応力の計算式
引張	$\sigma = \dfrac{P}{A}$
曲げ	$\sigma = \dfrac{M}{Z}$
ねじり	$\tau = \dfrac{M}{Z_{\mathrm{p}}}$

には破損したりする．クリープ現象は，常温で一部のプラスティックス材料（5.4 節で詳述）にも生じる．金属材料を高温で使用する際やプラスティックスを使用する際には，この点にも注意が必要である．

③ 右辺の設計応力は，設計する際に想定した応力である．したがって，この応力は机上で設定したものである．実際に製作した部品に発生する応力とは異なっている可能性があるので，設計応力と実応力との差ができる限り小さくなるように最大限の配慮をする必要がある．

最後に，表 4.1 に引張，曲げおよびねじりでの応力の計算式を一覧として示す．引張では荷重 P を面積 A で除す式で，曲げではモーメント M を断面係数 Z で除す式で，ねじりではねじりモーメント M を極断面係数 Z_{p} で除す式で，応力を求めることができる．それぞれの負荷形式での分母は，面積 A，断面係数 Z，極断面係数 Z_{p} となっているが，いずれも同じ形式となっている．平板の曲げでは板厚方向に，丸棒のねじりでは半径方向に線形的に応力勾配があり，断面係数および極断面係数は応力の最大値を算出するようになっている．もちろん，丸棒の引張では断面全体にわたって応力は均一に分布している．

例題 4.3

応力集中は怖い．図 4.14 に示すように，幅 W の平板に直径 d の円孔が開いており，円孔から板の長手（上下）方向に充分に離れた所に荷重 P が負荷されているとする．この場合，円孔付近にはどの程度の応力が生じているのかを考えよ．

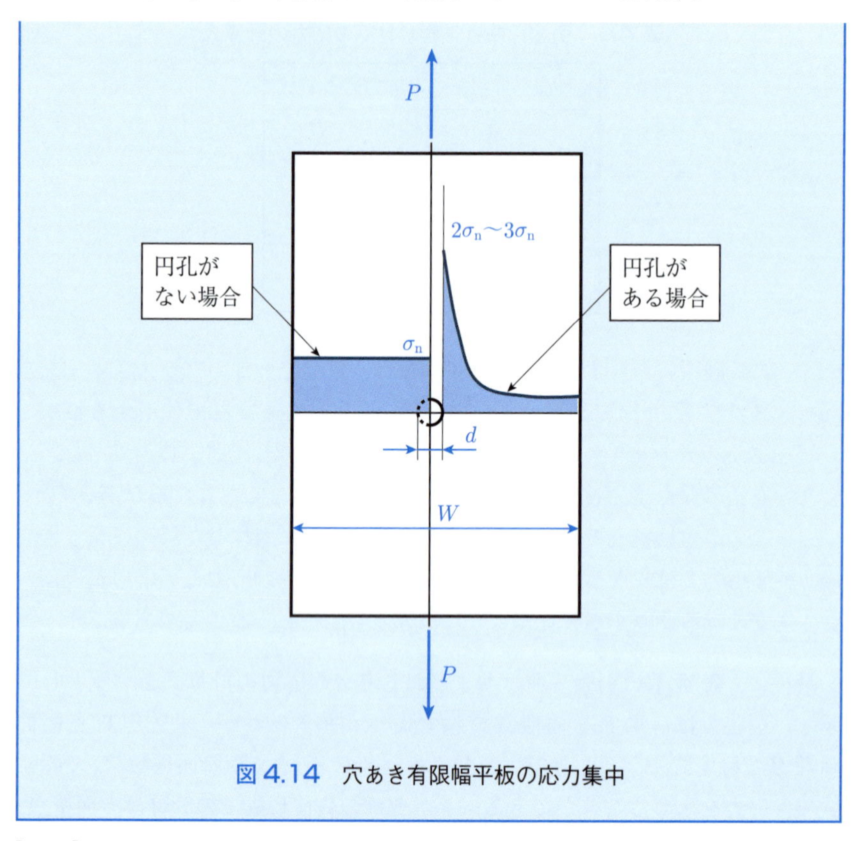

図 4.14　穴あき有限幅平板の応力集中

【解答】　この問題は，幾何学的不連続があるとき，ないときと較べて何倍の最大応力が生じるかという「応力集中」の一つの例である．

まず，円孔の幅 d を板幅 W から除いた場合の応力を求める．円孔幅 d を除いた板幅は $(W-d)$ であり，板厚を t とすると，単位面積当たりの力で定義される応力 σ_n は[7]，

$$\sigma_n = \frac{P}{(W-d)t} \tag{4.8}$$

となる．円孔縁の応力は，この σ_n に較べて 2.5〜3.0 倍となる．この値は，$W \gg d$ であれば 3.0 となるが，d が大きくなると，応力集中は小さくなる．

[7] このような，円孔幅を除いた応力集中のない場合の応力を**公称応力**（nominal stress）という．

σ_n と円孔縁での最大応力 σ_{max} との比を**応力集中係数** K_t といい，

$$K_t = \frac{\sigma_{max}}{\sigma_n} \tag{4.9}$$

で定義する．このように板に円孔を一つ開けた場合には，(4.7) で述べた設計応力を3倍程度大きくする必要があり，応力集中の影響は極めて大きいことがわかる．■

最後に，なぜガラスの車体，鉄のタイヤ，ゴムの窓ではいけないのかを，強度面のみから簡単に述べておきたい．まず，ガラスの車体だが，ガラスは荷重が負荷されると，図4.3に示した延性 δ が非常に小さく，すぐに割れてしまうので不適である．鉄のタイヤに関しては，鉄はゴムよりも変形に要する応力が非常に大きいので，乗り心地が悪くなってしまい不適である．ゴムの窓は，不透明である上に変形しやすいので，雪などが積もった場合にはへこんでしまい，不適である．

4章の問題

□**4.1**　機械系の三大事故について調べよ．また，それらの事故が生じた原因についても調べよ．

□**4.2**　自動車が不幸にも衝突した際には，乗員の負傷等を軽減するために，自動車はつぶれやすい方が良いのか，それとも，つぶれずに元の形状を保っていた方が良いのかを，図4.3の応力-ひずみ曲線に基づいて検討せよ．

□**4.3**　曲げモーメント M を受けている幅 b，板厚 h のはりがある．M を一定とするとき，幅が2倍になったときと，板厚が2倍になったときとで，応力はそれぞれ何倍になるかを求めよ．

第5章

自動車に使用する材料の選択　―材料工学―

自動車は色々な材料から構成されている．たとえば，図に示すように，ボディは鋼，タイヤはゴム，窓はガラスで作られている．なぜ，ボディは鋼，タイヤはゴムが使用されているのであろうか．何らかの理由があるに違いない．本章では，自動車に使用されている代表的な材料の性質や選択基準について考える．

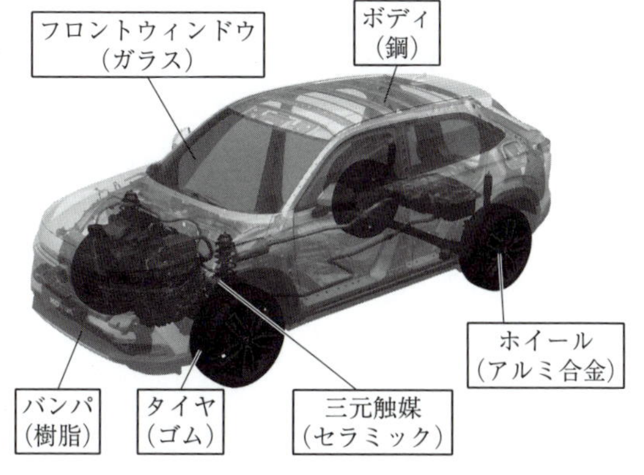

図　自動車のいくつかの部品に使用されている材料

5.1　自動車用の材料

自動車に使われている代表的な材料の一覧を図 5.1 に示す．同図では使用材料を，**金属材料**，**非金属材料**，**複合材料**に大きく分けて示してある．これらの材料がどのような特性を有しているのかは，材料毎に学ぶ必要がある．しかし，自動車のこの部品にはこの材料を選択するとの判断をするためには，予め各材料の特徴をつかんでおく必要がある．したがって，各材料の個別の特徴を紹介することになるので少し煩わしいが，以下では図 5.1 に示した各材料の特徴の概略を述べてみたい．

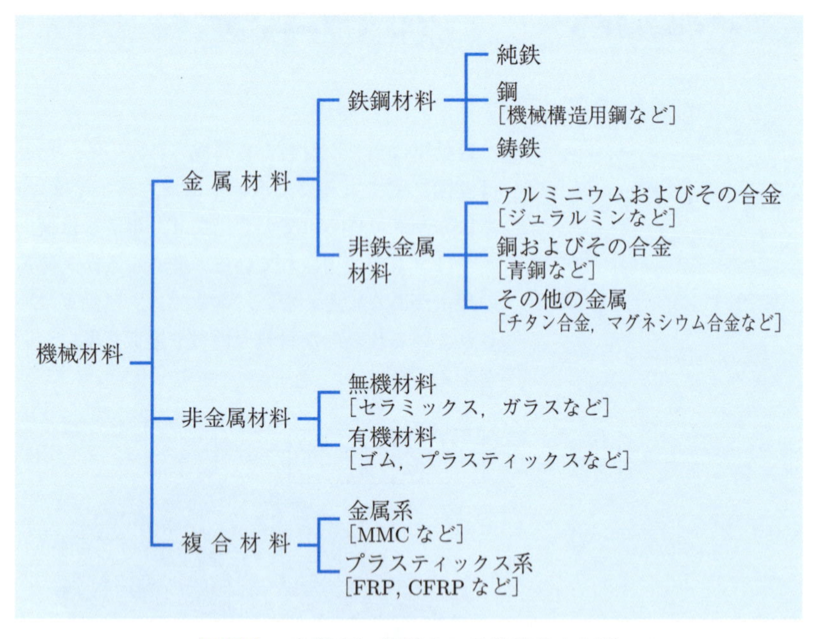

図 5.1　自動車に使用される代表的な材料

5.2 金属材料

金属材料は自動車をはじめとして他の機械構造物に最も多く使用される材料である．金属材料は**鉄鋼材料**と**非鉄金属材料**とに分類されている．鉄鋼材料が特別扱いになっているのは，歴史上，最も古くから最も多く使用されてきた材料だからである．鉄鋼材料には下記のような特徴がある．まず，長所としては，

長所 1：資源として十分な量が存在する．

長所 2：炭素量を数パーセント変化させるだけで，**機械的強度**（図 4.3 の比例限や引張強さ等）や硬さを大きく変化させることができる．

長所 3：熱処理を行うことにより，機械的強度や硬さを**長所 2** に上乗せして変化させることができる．

長所 4：使用後，再溶融，成分調整をすれば再利用が可能である．

短所としては，

短所 1：自然界には鉄は単体原子（Fe 原子）として存在することはほとんどなく，**酸化鉄**（Fe_2O_3, Fe_3O_4），いわゆる，**赤さび**や**黒さび**として存在する．鉄鋼材料として使用するには，酸素を取り除かないといけない（還元しないといけない）ので，高温での還元反応が必要となる．通常は高炉という反応炉で炭素（コークス）と酸化鉄とを 2,000 ℃ 以上で反応させて**銑鉄**（せんてつ）を作り，それをさらに用途に合わせて転炉で**精錬**（成分調整）する．

短所 2：鉄鋼材料はさびることである．ステンレス鋼（不銹鋼（ふしゅうこう））等を除いては，鉄鋼材料はそのまま使用すると表面からさびるので，塗装するかメッキする必要がある．

長所 2 および**長所 3** については，図 5.1 との関連でもう少し述べておきたい．図 5.1 では，鉄鋼材料が，**純鉄**，**鋼**，**鋳鉄**に分類されている．この 3 種類は，**炭素量**による分類である．これら 3 種類の鉄の炭素量を表 5.1 に示す．炭素量が 0〜0.02% のものを純鉄と呼び，この炭素量では構造材料としての強度はないことから，強度が問われない**機能性材料**としてのみ使用される．炭素

表 5.1　鉄の炭素含有量による分類

	純鉄	鋼	鋳鉄
炭素含有量	0～0.02%	～2.1%	～6.7%

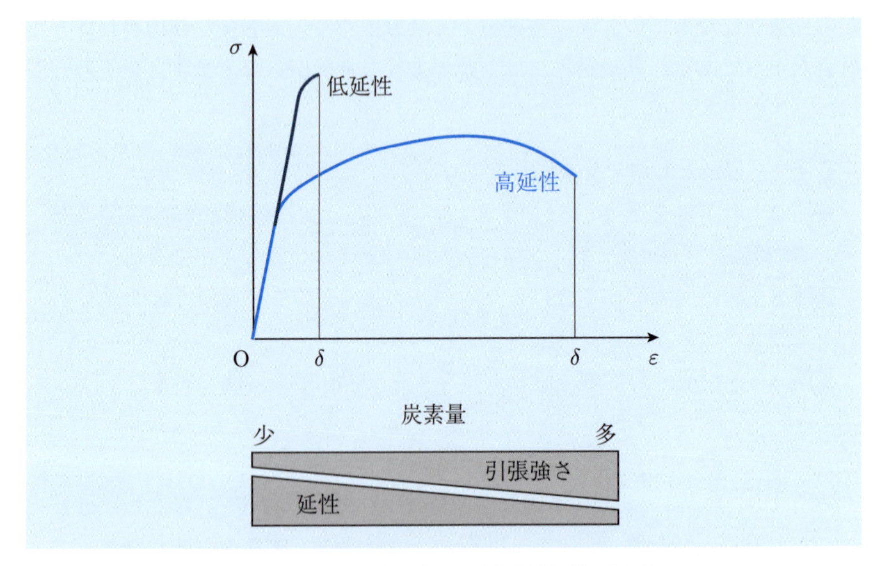

図 5.2　鋼の引張強さ-延性関係（概念図）

量が0.02～2.1%のものを鋼と呼び，最も多く使用されている炭素鋼である．この鋼は熱処理（**焼き入れや焼き戻し**）をすることによって引張強さが300 MPa～750 MPaの範囲で変化する．しかし，引張強さの高い炭素量の鋼や焼き入れをした鋼を使うと，図 5.2に示した引張延性が低下するのでこの点は特に注意を要する．引張試験結果での伸びδを**延性**と呼ぶが，延性が小さいと**衝撃**等が加えられた場合には，ガラスのように割れてしまうことになる．鋼は強度と延性がトレードオフの関係にあり，強度のみを重視すると誤った材料選択になることがあるので，頭に入れておいた方が良い．

注意　焼き入れは，鋼を800℃～850℃程度まで温度を上げた後，油や水に入れて急冷する．そうすると，鋼は**マルテンサイト**という組織になり，引張強さや硬さが飛躍的に上昇する．しかし，図 5.2に示すように，延性が極端に小さくなるので，

400℃程度に再加熱して空冷し，焼き戻し熱処理を施す．焼き戻しによって，引張強さや硬さは多少減少するが，延性を増加させることができる．焼き入れ温度や焼き戻し温度は，鋼の種類や使用目的に応じて設定する．

■ 例題 5.1 ■

代表的な炭素鋼のJIS規格を調べよ．

【解答】 代表的な炭素鋼には，**SC材**や**SS材**があり，これらが最も多く使用されている鋼材である．SC材は**機械構造用炭素鋼材**（JIS規格）の一つであり，定量の炭素と微量のSi, Mn, Pなどが含まれている．SはSteel，CはCarbonの頭文字であり，たとえば，S45CというSC材では中央の数字45は炭素含有量（0.45%）を示している．SC材には，他にS10CやS50Cなどもある．SS材は，**一般構造用圧延鋼材**（JIS規格）であり，$P < 0.05\%$, $S < 0.05\%$は成分が規定されているが，他の成分の規定はない．たとえばSS400の場合，SSの後の400は，引張強さが400 MPa以上であることを示す．SS400以外にも，SS300, SS540等がある． ■

Coffee Break 5.1

● 鉄の歴史 ●

ジャレド ダイアモンドは「銃・病原菌・鉄」草思社（2000年）で，人類の文明史に鉄が深く関わってきたことを論じている（やや単純化して取り扱っているような批判はあるようであるが）．我が国においても，弥生時代に青銅器と鉄器が同時に朝鮮から技術導入されたらしい．このように，鉄は人類の文明の発展と深く関わっており，図5.1に示した鉄鋼材料，鉄以外の非鉄金属材料という分類もこのような歴史的経緯を踏まえれば，なるほど，と思うところがある．なお，古墳時代の製鉄技術は「**たたら製鉄**」として知られており，製鉄温度は2,000℃よりも遥かに低かったが，それを精錬法でカバーしていたとされている．古墳時代の人々も色々な工夫をしていたことが覗（うかが）える．

5.3　非鉄金属材料，非金属材料

さて，図5.1に戻って，**非鉄金属材料**を見てみよう．非鉄とは，金属材料の基本的組成がFe以外の金属という意味である．代表的な材料として，**アルミニウム合金**，**銅合金**，**チタン合金**，**マグネシウム合金**等がある．特に，アルミニウムに追加元素として銅を加えた**ジュラルミン**（英語表記はduralumin）と呼ばれるアルミニウム合金は，高強度，軽量という特性から多くの自動車部品等に導入されている．なかでも，Al7075アルミニウム合金は，**超々ジュラルミン**と呼ばれており，適切な熱処理[1)]をすることによって500 MPa以上の引張強さとなる．軽量かつ高強度であることから，Al7075アルミニウム合金は航空機等に使用されているが，延性が低いのでその点に配慮が必要である．

図5.1のチタン合金やマグネシウム合金は，アルミニウム合金よりもさらに高強度であり，**比強度**（後述）も優れているので，自動車への導入が進みつつある．チタン合金は加工性や成形性，マグネシウム合金は燃焼性があること，等が技術課題とされてきたが，最近はこれらの課題が次第に克服されつつある．

続いて，**非金属材料**を見てみよう．非金属材料に分類されている**無機材料**の代表例は，**ガラス**であろう．ガラスは自動車の窓に使用されている．ただし，ガラスにも種々の種類があり，フロントガラスとドアのガラスとでは異なる種類のガラスが使用されている．フロントガラスには，図5.3に示すように透明な樹脂膜を2枚のガラスで挟んだ合わせガラスが使用されている．**合わせガラス**は，割れたときに飛び散らない特性を有している．また，ドアのガラスには，**強化ガラス**が使用されている．強化ガラスは，割れたときにガラス全体が丸い小片になる特性を有している．両ガラスともに，人への損傷を小さくするために用途別に異なる種類の材料が使用されている例である．

セラミックスは，多くの場合，**構造部材**（自動車の強度や形状を構成する部材を指す用語）よりも，その機能を利用する材料として自動車部品に使用され

---

1) 焼き入れ，焼き戻しの熱処理によって材料の強度や硬さを上げることができるのは，鋼だけであることに注意しよう．アルミニウム合金は，溶体化処理と時効処理という炭素鋼とは異なる熱処理を行う．一般のアルミニウム合金や銅合金を高温にして，油や水で急冷すると，かえって軟らかくなる．

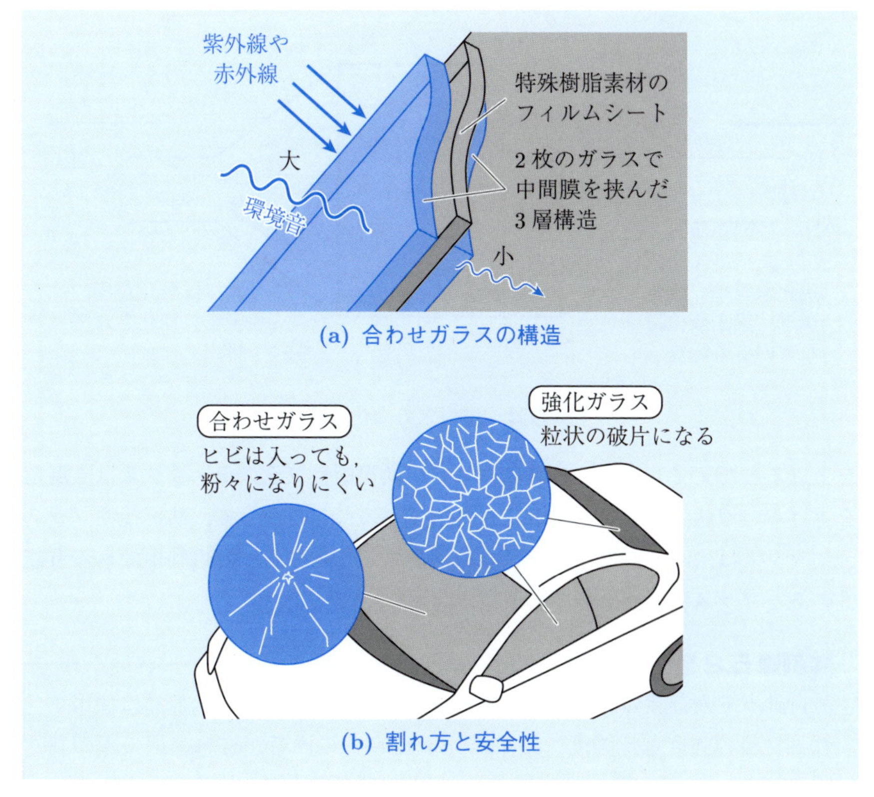

図 5.3　フロントガラスとドアのガラス

ている．たとえば，点火プラグではセラミックスの電気絶縁機能を，排ガス浄化では図 5.4 に示すように高温で触媒作用を示す**機能性材料**として使用されている．

有機材料も自動車用材料として，多く使用されている．有機材料の代表的なものには，**ゴム**や**プラスティックス**があげられる．よく知られているように，タイヤはゴムが使用されているし，車内のダッシュボードはほとんどプラスティックスが使用されている．ボディ周りでは，最近のバンパはプラスティックス製である．プラスティックスには，大きく分けて熱硬化性と熱可塑性の二つの種類があるので，これは覚えておいた方が良い．**熱硬化性プラスティックス**は，温度を上げても固体の状態を保つプラスティックスであり，さらに温度

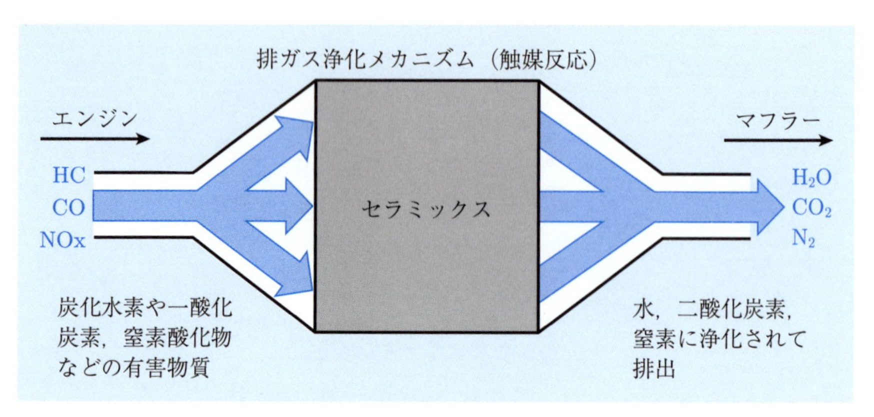

図 5.4　排ガスの浄化装置

を上げると燃えてしまう．これに対して，**熱可塑性プラスティックス**は，温度を上げると液状になるプラスティックスである．したがって，熱可塑性プラスティックスは，不必要になったときに溶融することによって再利用できる可能性のあるプラスティックスである．

例題 5.2

自動車や飛行機のように，機械自体が移動する場合には，部品に使用される材料の強度と**比強度**（specific strength）の両者が材料選択の際の判断基準の一つになる．強度は材料の引張強さを指すが，比強度とは引張強さを当該材料の密度で除した物理量である．つまり，単位密度当たりの強度がどの程度なのかを表す材料の指標となる．SS400，アルミニウム合金6061と7075，マグネシウム合金，CFRPの比強度を比較してみよ．

【解答】　引張強さの単位は $\mathrm{N/m^2}$（$=\mathrm{Pa}$），密度の単位は $\mathrm{kg/m^3}$ なので，

$$比強度 = \frac{引張強さ}{密度} = \frac{\frac{\mathrm{N}}{\mathrm{m^2}}}{\frac{\mathrm{kg}}{\mathrm{m^3}}} = \frac{\mathrm{N \cdot m}}{\mathrm{kg}}$$

の単位を持つ．実際には，補助単位系のk（キロ）を付けて $\mathrm{kN \cdot m/kg}$ で表すことが多い．上記の材料の比強度は表 5.2 のようになる．なお，表 5.2 では代表的な材料について記してあるので，化学成分や熱処理によって大きく

比強度が変化する点には注意が必要である．一般構造用圧延鋼材 SS400 に較べて，表 5.2 にあげた二つのアルミニウム合金やマグネシウム合金の方が比強度が高いことがわかる．また，**CFRP**（**炭素繊維強化複合材料**：Carbon Fiber Reinforced Plastic）（後述）は，アルミニウム合金やマグネシウム合金よりもさらに比強度が高い．

表 5.2　各材料の比強度比較

	引張強さ [$\times 10^6$ N/m^2]	密度 [kg/m^3]	比強度 [kN · m/kg]
SS400	400	7870	51
アルミニウム合金 6061	260	2700	96
アルミニウム合金 7075	570	2800	204
マグネシウム合金	290	1800	161
CFRP	1200	1650	727

■

Coffee Break 5.2

● ガフ-ジュール効果とは ●

金属材料を含むほとんどの材料は温度を上げると伸びる．この現象は熱膨張としてよく知られている．しかし，ゴムやプラスティックスの一部には温度を上げると収縮するものもある．この収縮現象は，発見者の名を冠して，**ガフ-ジュール効果**（Gough-Joule effect）と呼ばれている．自動車には多くのゴムやプラスティックスが使用されているので，心に留めておいてもよい現象だと思われる．

5.4 複合材料

複合材料とは，母材に強化材を分散させることで，母材単体では得ることのできない特性を持つ材料のことをいう．母材の種類によって，大きく**金属基複合材料**（**MMC**：Metal Matrix Composite）と**プラスティックス基複合材料**（**PMC**：Plastic Matrix Composite）の2種類がある．さらに，分散させる強化材の形状によって，図5.5に示すように，(a) **粒子分散型**，(b) **短繊維強化型**，(c) **長繊維強化型**の3種類がある．(a)の粒子分散型では丸い形状や扁平形状の強化相が，(b)の短繊維強化型では短い繊維状の強化相が母材に分散される．(c)の長繊維強化型では部材の端から端まで連続した繊維がつながっているような複合材料である．長繊維強化型の複合材料は，繊維方向の強度は優れているが，繊維方向に直交する強度は母材の強度程度しかないので，負荷方向に依存して顕著な**強度異方性**[2)]を生じる．この短所を補うために，繊維方向の異なる複合材料板を重ねて，なるべく異方性を小さくする工夫がされている．(d)では，90°角度が繊維方向と異なる複合板を積層する例が示してある．これ以外にも，45°角度が異なる積層板を積層する複合材料も使用されている．

複合材料の特性評価では，下記の**複合則**が参照されることが多い．ヤング率を例にとって複合則を記述すると，(5.1)のようになる．

$$E_\mathrm{c} = V_\mathrm{m} E_\mathrm{m} + V_\mathrm{f} E_\mathrm{f} \tag{5.1}$$

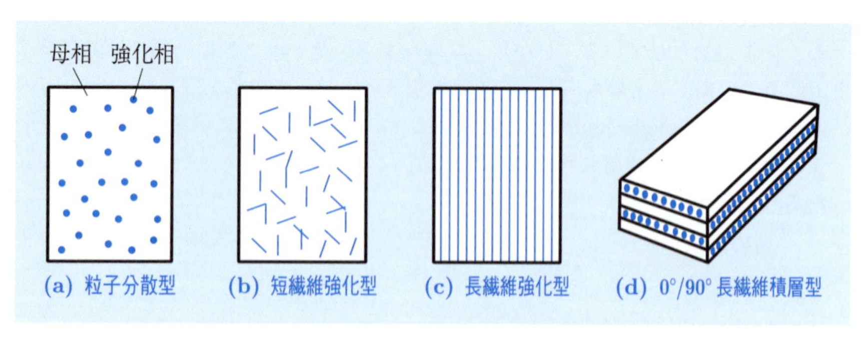

図5.5　3種類の複合材料

[2)] ここでの強度異方性とは，図4.3に示した引張での応力 σ-ひずみ ε 関係が繊維方向とそれ以外の方向では異なることを意味している．

(5.1) において，E_c，E_m および E_f は，それぞれ，**複合材料**（composite），**母相**（matrix）および**強化相**（reinforcement）のヤング率であり，V_m および V_f は，それぞれ，母相および強化相の体積率である．上式の通りに複合材料のヤング率が変化するとして，樹脂のポリプロピレン（ヤング率約 600 MPa）に 10% のガラスの短繊維（ヤング率約 70 GPa）を混合するときの複合材料のヤング率を (5.1) を用いて試算してみよう．(5.1) での複合材料のヤング率の値は，

$$E_c = 0.9 \times 600 + 0.1 \times 70000 = 7540 \text{ MPa}$$

となり，複合材料のヤング率はポリプロピレンの母相のそれより一桁以上大きくなることが期待できる．しかし，(5.1) は体積率のみを基準にした大まかな評価式であり，実際には，強化材の形状（粒子形状，扁平形状，繊維形状等）や強化材と母材との界面の接着度等にも大きく依存し，複合則通りにはならないことが多い．

■ 例題 5.3 ■

プラスティックスの種類と特徴を調べてみよ．

【解答】 プラスティックスを分類すると図 5.6 のようになる．大きくは，熱可塑性と熱硬化性に分類され，熱可塑性は常温では固体であるが，熱を加えると流動体になる性質である．熱硬化性は熱を加えた当初は軟化するが，その後の化学反応で次第に温度とともに硬くなる性質である．熱可塑性プラスティックスは**汎用プラスティックス**，**エンジニアリングプラスティックス**，**スーパーエンプラ**に分類される．汎用プラスティックスは，低価格であり，雑貨や包装用等に用いられている．エンジニアリングプラスティックスは，強度が強いことから構造材として用いられている．スーパーエンプラは，エンプラの耐熱性をより高めたものである．それぞれに分類されたプラスティックス毎に代表的な具体名を 2 例ずつあげておいた．併せて，熱硬化性プラスティックスも同二つの例をあげておいた．熱可塑性および熱硬化性プラスティックスともに，結晶性と非結晶性があり，例示以外にも多くのプラスティックスがあることに注意して欲しい．

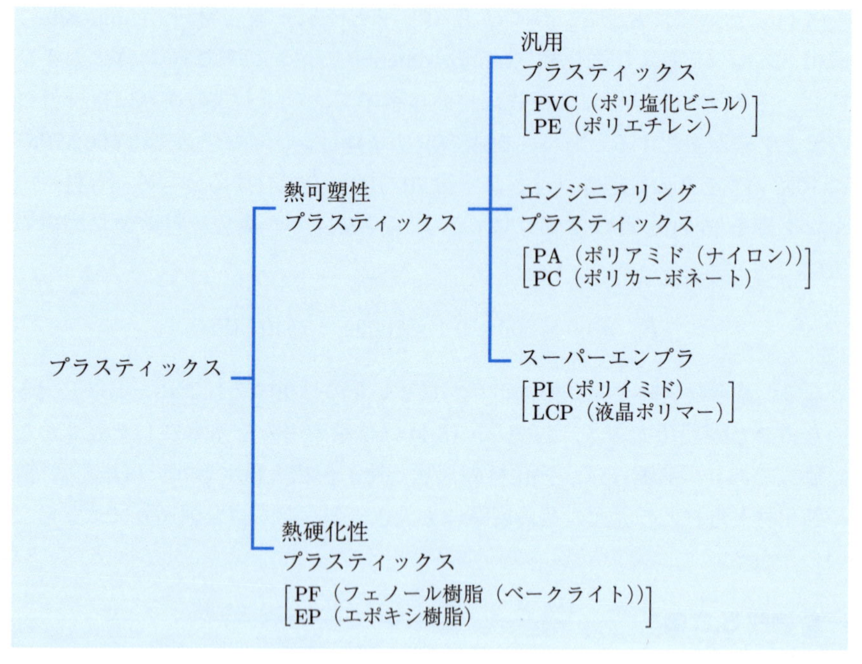

図 5.6　プラスティックスの分類

Coffee Break 5.3

● 最先端の複合材料（CFRP と CMC） ●

CFRP（Carbon Fiber Reinforced Plastic）は最先端の複合材料であり，プラスティックスの母相をカーボンの長繊維で強化した複合材料である．その軽量・高強度という特性から，ボーイング 787 の機体に採用されている．また，**CMC**（Ceramic Matrix Composite）は，セラミックス母材をセラミックスの長繊維で強化した複合材料であり，金属材料では耐熱性が不足するような，ジェットエンジンやロケットの部品として導入が進められている．

5.5　材料選択の方法

以上のように，沢山の種類の材料を紹介したが，これらの材料のすべてを覚える必要はない[3]．図 5.1 で示した材料の分類は極めて大雑把なものであり，おそらく，自動車に使用されている材料の詳細な表示をしようとすると，図 5.1 の数十倍以上の材料の種類を書く必要があるだろう．また，材料の研究開発は日進月歩しており，今日にも新たな材料が生まれているかもしれない．卒業時までに，図 5.1 に示した材料の大雑把な特性を学習し，それ以上の詳細な材料の特性については，各材料を生産・販売しているメーカーに問い合わせる方が効率的である．

さて，本章のはじめに，なぜ，ボディは鋼，タイヤはゴムが使用されているのであろうか，と書いたが，この問いについての解答方法（解答ではない）を述べておきたい．

表 5.3 に，ある部品の材料として必要な特性を例示する．同表中の必須な性能とは，候補となる材料がこの性能を有していないと部品としては使用できない，という性能である．たとえば，自動車のフロントガラスは透明であることが必須であるが，よく使われているゴムは不透明であり[4]，この必須項目を満たしていないゴムをフロントガラスには使用できない．加工性は，部品を作成する際に容易に製作できるかどうかの指標である．加工することができれば，当該材料の強度（通常は引張強さを指す）や延性が評価項目となる．強度のみが注目される場合も多いが，強度と並んで延性も重要な評価項目である．降伏点より大きな応力が加わったときに，延性が小さい材料では破壊するが，延性が大きい材料では変形して壊れることを防げる場合もある．ガラスを先のとがったハンマーでたたくと割れるが，鉄板をたたくとへこむだけで壊れないのはこの延性の差による．**耐食性**は，鉄鋼材料ではさびること，樹脂材料では劣化が評価項目となる．熱膨張も思わぬところで部品の不具合につながる場合もあるので，**熱膨張係数**も一応調べておいた方が良いだろう．夏の使用では問題がなかったが，冬の北海道で使用したら部品に問題が生じた，ということが

---

[3] これらの材料の特性については，「**材料工学**」という科目で学ぶ．

[4] 高透明度のゴムも販売されていることを最近知った．将来はゴムの窓ガラスになるかもしれない．

表 5.3　最適な材料の選択方法

	必須な性能	加工性	強度	延性	耐食性	熱膨張係数	価格	リサイクル性	総合評価
材料 A	×	△	○	◎	△	○	◎	○	×
材料 B	△	○	△	△	○	◎	○	○	○
材料 C	◎	△	◎	○	○	○	◎	◎	◎
材料 D	◎	△	○	○	○	○	×	◎	△

◎：特に優秀，○：優秀，△：やや難あり，×：難あり

熱膨張が原因で生じるかもしれない．価格とリサイクル性は特に説明しなくても理解できるかと思う．

表 5.3 では，◎，○，△，×の評価指標で 4 種類の材料について評価してある．必須な性能に×が付いている場合には，当該部品の材料には使用できないだろう．他の項目も含めて，総合評価の高い材料を選定し，△以下の評価が付いている項目については，対策を考えることになる．この表では，4 段階評価をしたが，10 点満点の点数で評価してもよい．

5章の問題

□**5.1**　一般構造用圧延鋼材 SS400，自動車，ジェット旅客機，銀，金，冷蔵庫の 1 kg 当たりの大体の価格を調べて比較せよ．

□**5.2**　自動車のタイヤホイール，三元触媒，コイルスプリング，ボディ等の部品にはどのような材料が使用されているのかを調べよ．

□**5.3**　炭素鋼はすぐれた材料であるが，短所はさびることである．さびないようにするには，どのような表面処理がされるのかを調べよ．併せて，さびない鋼としてステンレス鋼がよく知られているが，ステンレス鋼がさびないといわれているメカニズムを調べよ．

第6章

自動車の部品を加工しよう　—生産加工学—

第5章で自動車の各部品に使用する材料の種類を解説し，また，材料を選択する手法について述べた．次は，選んだ材料を第3章で設計した図面にしたがって加工する必要がある．本章では，機械系学科で学ぶいくつかの代表的な加工法を見てみよう．

6.1　加工法の種類と分類

図 6.1 に代表的な加工法の一覧を示す．同図に示すように，加工法は，**機械加工**，**塑性加工**，**粉末成形**，**鋳造**，**特殊加工**，**接合**に大きく分けることができる．各加工法の右に代表的で具体的な加工法をあげておいた[1]．以下では，これらの代表的な加工法について順次見ていこう．材料選択と同じように，やや各加工法を個別に説明することになるが，ここでは，こんなに多くの種類があるという程度の理解で良いと思う．詳しい知識については，「**生産加工学**」の講義で学べばよい．

加工法	分類	代表的な加工法
	機械加工	切削　研削
	塑性加工	鍛造　圧延
	粉末成形	粉末焼結
	鋳造	普通鋳造　ロストワックス
	特殊加工	放電加工　3D プリンティング
	接合	電気溶接　ガス溶接

図 6.1　加工法の分類

1) 図 6.1 にあげた以外にも多くの加工法があるが，それらは必要に応じて学べばよい．

6.2 機械加工

機械部品の加工法の代表格は，**機械加工**と呼ばれている**切削**と**研削**であろう．切削と研削は，標準的な機械系のカリキュラムでは「工作実習」系科目で，実際に工作機械を使って部品を加工実習する．切削とは，**刃物**（バイトと呼ばれる）で工作物を削る加工法である．丸いものであれば，**旋盤**という工作機械を使うし（図 6.2(a)），平板であれば**フライス盤**という工作機械を使用することが多い（図 6.2(b)）．最近はこれらの工作機械もコンピュータ制御されているものが多い．コンピュータ制御されている工作機械を **NC**（Numerically Controlled）**工作機**と呼んでいる．研削は，砥石で工作物を削る加工法である．丸いものを研削する工作機を**円筒研削盤**，平面を研削する工作機を**平面研削盤**（図 6.2(c)）という．部品加工をする上で，最も高い加工精度を保証することができるのがこれらの機械加工である．切削加工では ±0.01 mm 程度の加工精度が保証できるし，研削加工では ±0.005 mm 程度の加工精度が保証できる．しかし，両者の加工法ともに加工に時間がかかり，不必要な部分を削り落としてしまうことから，原材料に無駄な部分が出ることが短所である．また，一品ずつ加工するので生産性も良くない．

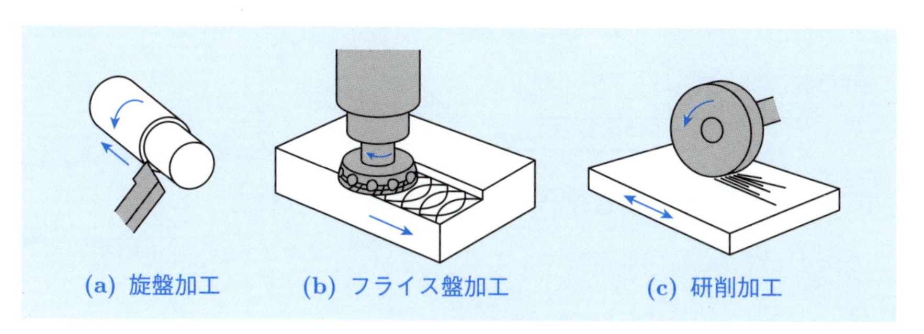

図 6.2 機械加工

■ 例題 6.1 ■

マシニングセンタとはどのような工作機械かを調べよ．

【解答】 図 6.3 に示すように，マシニングセンタとは，基本的には平面を加工するフライス盤に NC 機能を追加したものである．予めプログラムしておけば，平面切削，穴加工等が自動的にできる．平面加工は，図 6.3 に示す X，Y，Z 軸の自動ステージ上で可能となる．さらに，図 6.3 に示すように，B，C 軸の回転を可能とすると，それぞれの回転軸に応じた曲面の加工が可能となる．

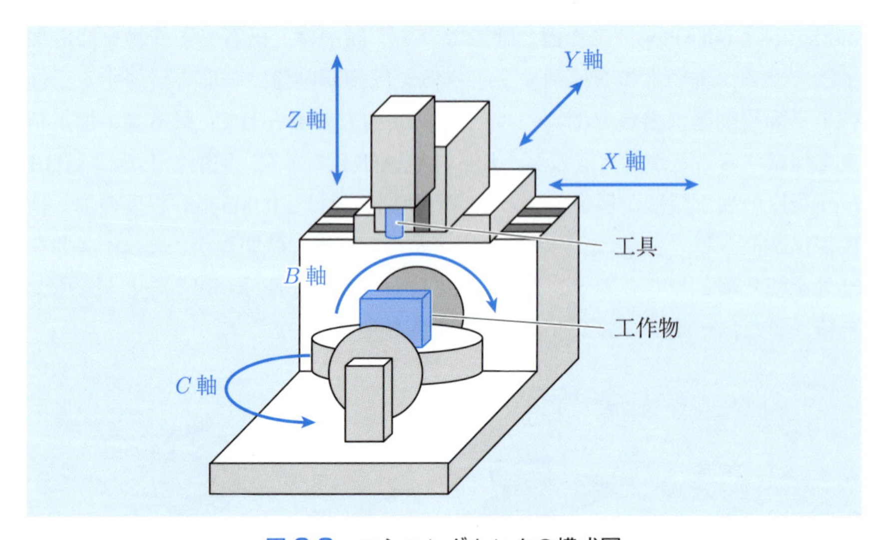

図 6.3　マシニングセンタの模式図

■

6.3　塑性加工

塑性加工は，第 4 章で述べた塑性変形を利用した加工法である．塑性変形は加工力を除いても，加工前の形にはもどらず，加工後の形状を保つ変形である．そのことから，塑性変形は永久変形と呼ばれることもある．いかにうまくこの材料の塑性変形特性を利用するのかが，塑性加工の優劣を決めることになる．

塑性加工の範疇（はんちゅう）で，部品の形状を短時間で大量に製作できる加工法として，図 6.4(a) に示す**鍛造**がある．鍛造は，上型と下型の間に加工品を置き，上下から型に挟んで金型の形状を加工品に転写する加工法である．加工精度も機械加工に匹敵するものがあるが，上下の型の製作に高度な技術が必要であり，製作費も一般に高価である．型ではなく，ハンマーでたたいて大まかな部品形状を製作する手法も鍛造と呼ばれている．大型部品では，鍛造で大まかな形状を作成し，その後，機械加工を行えば機械加工のみよりも材料の無駄な部分を削減することができる．また，圧縮の塑性変形を利用して部品材料を加工するこ

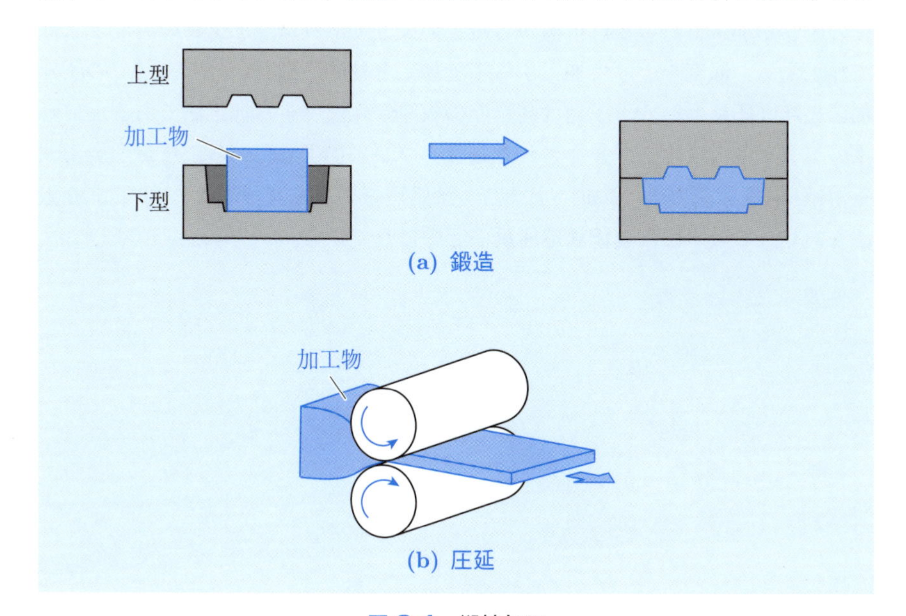

図 6.4　塑性加工

とから，内部の空隙等の欠陥を鍛造時の圧縮荷重でつぶして強度を高めることができる加工法である．鍛造では，材料の変形しやすさ（**展性**という）を利用する加工法であることから，室温であまり変形しない材料では，材料の温度を高温に上げて加工する．温度を上げて鍛造する加工法のことを，文字通り，**高温鍛造**と呼んでいる．鍛造加工は，自動車部品では，エンジン部品，サスペンション部品（自動車のタイヤとボディとを結び付ける部品）等の高い信頼性を要する部品に多く使用されている．

薄い鋼板を鍛造加工する手法を特に**プレス**加工と呼んでいる．プレス加工と前述の鍛造加工との差は，プレス加工では孔開け，切断，曲げ加工等ができることが型転写だけの鍛造加工とは異なっている．自動車のボディに使用されている鋼板はプレス加工されている例であるので，イメージしやすいかもしれない．プレス加工も精度の高い加工法である．

もう一つの代表的な塑性加工法に**圧延**がある．圧延は，図 6.4(b) に示すように二つ以上のローラーの間に加工物を挟んでローラーを回転しながら連続的に加工する手法である．この加工法では，加工物は同じ断面形状を持つ．室温での圧延が加工材料の変形抵抗から難しいようであれば，加工物の温度を上げて加工する．温度を上げて加工する圧延加工を**熱間圧延**といい，室温での圧延加工を**冷間圧延**という．圧延は高精度の板厚が保証できる加工法である．自動車のボディ鋼板は圧延で製作された鋼板をプレス加工している．なお，炭素鋼を溶解 → 成分調整 → 冷却 → 圧延 → 熱処理を連続して一貫して加工する方法もあり，この手法は**連続鋳造圧延**法と呼ばれている．

6.4　粉末成形

粉末成形は近年注目されている方法である．粉末成形の代表的なものに**粉末焼結**がある．粉末焼結では，図 6.5 に示すように，作成したい材料特性の粉末を作成したい形状の型に入れ，上下方向から押し付け，圧縮力によって粉末を焼結成型する加工法である．型の形を工夫すれば，成型後に機械加工する必要がない（**Near Net Shape** と呼ばれる）成型も可能であるが，必要に応じて機械加工を加える場合もある．**焼結成型**とは，粉末の温度を上げて粉末間の結合力を高めた条件下で，力を加えて粉末を成型する手法である．自動車部品では，エンジンの**コネクティングロッド**やその他の**スプロケット**類[2] に使用されている．粉末焼結では，Near Net Shape な形状の成形ができるため，高価な材料や特殊な材料を効率的に使うことができる．また，通常の金属材料の液体から固化する方法では得ることのできない材料特性の部品を製作することができる．反面，粉末を焼結するのでどうしても欠陥を生じやすく，特に強度面で，この点には注意が必要である．欠陥数を減少させるため，成形後に鍛造や **HIP**[3] 処理をすることもあるが，これらの処理には追加の費用が発生する．

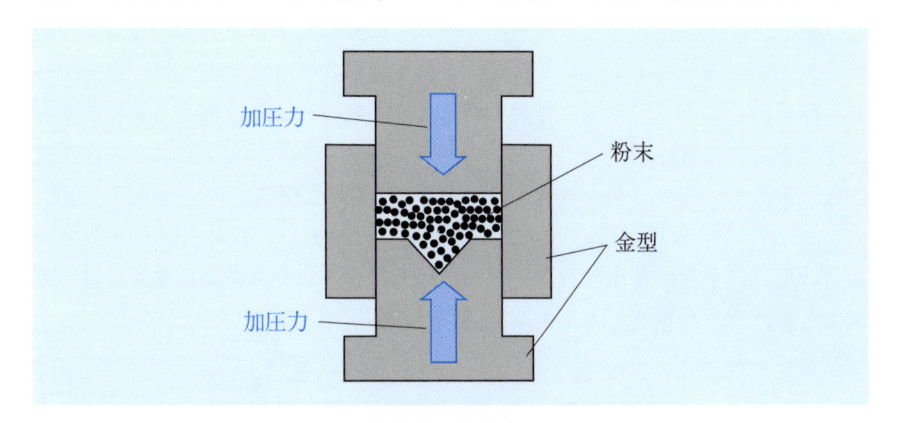

図 6.5　粉末冶金

[2] エンジンのピストンと回転軸の間にある部品をコネクティングロッドという．自転車のチェーンを引っかけるギザギザの付いた円形板をスプロケットという．

[3] Hot Isostatic Pressing の略．数百～2,000 ℃ の高温下の数十～2,000 MPa の高圧ガス中で加圧加工することを指す．粉末冶金で作成された加工品を HIP 処理すると，内部欠陥が減少する．

6.5 鋳　造

鋳造は，弥生時代の銅鐸（どうたく）が鋳造で作られていることから，長い歴史があり，多くの改良がその後も加えられ，現在においても使用されている加工法である．図6.6に示すように，鋳造は，まず，作成しようとする部品と同じ形状の**型**を作る．型の材質は木またはプラスティックスが多く使用される．型を耐火物（耐火物には，通例，**鋳物砂**を使用する．その場合は**砂型**という）に埋め，耐火物に型の形状を転写する．その後，型を耐火物から抜き，抜いた部分に溶融した金属（**湯**と呼ばれる）を流し込む．金属が固まると，鋳造品を耐火物から取りだす．なお，型を抜く際に，耐火物を分割する必要がある．分割しなくても，型をロウ（ワックス）で製作し，温度を上げて型を溶かして型抜きする方法を**ロストワックス**法と呼ぶ．この方法は，精密品の鋳造に向いており，ジェットエンジンのタービン翼の製作法に使用されている．

鋳造品の特徴は，まず，少量～大量生産に向いていることである．さらに粉末成形ほどではないが，ある程度は完成品に近い形状のものを作れることである．鋳造では加工精度が必要な部分のみに機械加工を加えるのが通例である．したがって，部品を作る際に機械加工のように無駄にする部分が少ないような部品加工が可能となる．また，鋳造する材料の種類をうまく選べば，熱の伝わり（**熱伝導**という）が良く，振動もある程度吸収するような部品を製作することができる．反面，鋳造に向いている材料が限定（鋳鉄は2.1％以上の炭素を含む）されているので強度特性等には配慮する必要がある．

アルミ合金は融点が低い（純アルミの融点は660℃）ため，アルミ合金の鋳造の型には金属が使用される．このため，アルミ合金の鋳造は**アルミダイカスト**と呼ばれ，高精度で大量生産に優れた製造法である．

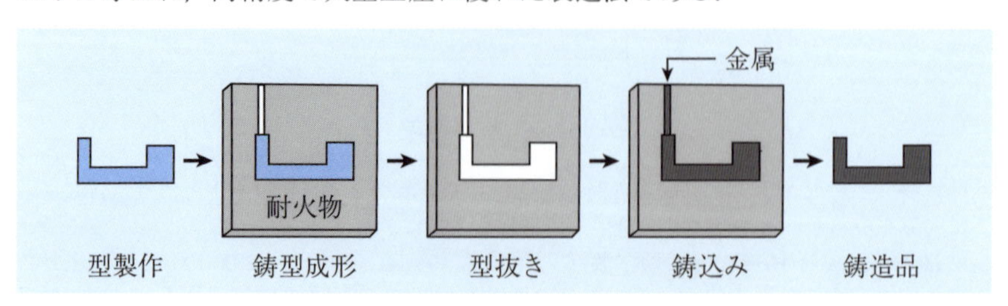

図6.6　鋳造

6.6 特殊加工

特殊加工の最初に放電加工の一種である**ワイヤカット**を紹介しよう．ワイヤカットとは，図 6.7 に示すように加工物に貫通した銅線（ワイヤ）を通す．ワイヤと加工物との間に電圧をかけ，放電させる．放電の熱によって加工物を溶解切断加工する方法である．銅線も消耗するが，銅線は上から下に順次新しい銅線を供給することによって，常に新しい銅線で放電するように制御されている．加工物は ***XY* ステージ**[4] にのせられており，ステージを NC 制御で移動することにより，形状を任意に制御できる．加工精度も比較的良く，0.02 mm 程度の精度の加工が可能である．放電加工という性質から（加工物が溶融），刃物では切削加工ができないような硬い材料でも加工が可能であり，加工時に切削時の刃物や研削砥石の加工力がかからない等の長所を有している．しかし，導電体でないと加工ができない，加工に時間がかかる，板厚方向の加工ができない，との限界もある．加工時間については，無人で自動加工ができることから，あまり問題とはならなくなってきている．

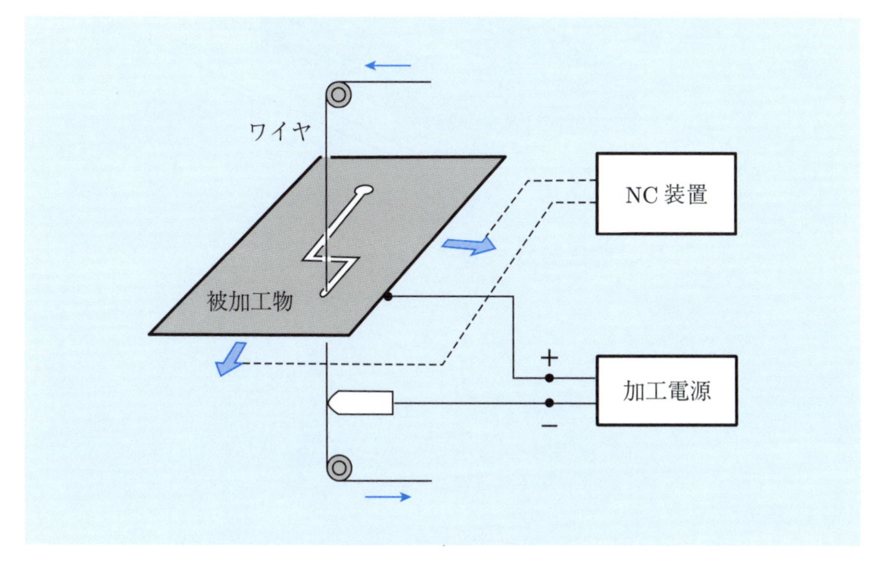

図 6.7　ワイヤカット

[4] X 方向と Y 方向に数値制御（NC）で移動できる支持台を指す．

特殊加工の二つ目に，近年注目されている**3D プリンティング**を紹介する．3D プリンティングとは，図 6.8 に示すように，**ホットエンド**と呼ばれる部品を用いて樹脂のワイヤをヒータで溶かしながら溶解・積層成形する手法である．加工物は，X, Y, Z 方向に移動できる NC ステージ上で作成することから，任意形状の加工物を製作することができる．最大の特徴は，任意の三次元形状を製作できることである．たとえば，複雑な形状をした 2 重円筒のように，従来の加工法では複数の部品を製作し，それらを組み立てていたものが，一回で積層製作できることである．現時点では，融点が低い樹脂材料が主流であるが，融点が高い金属材料でも一部実用化されている[5)]．短所としては，積層した界面がはがれやすいこと，内部欠陥が入りやすいこと等があげられる．

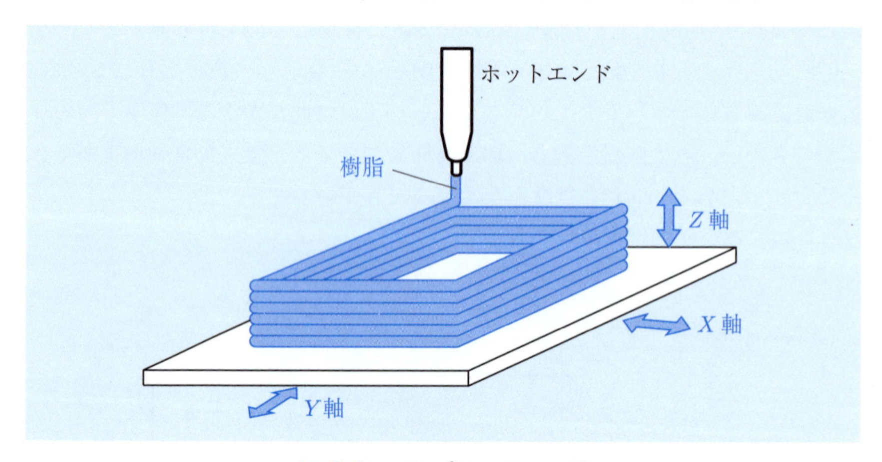

図 6.8　**3D** プリンティング

5) 金属材料の場合には，図 6.8 のように溶融した金属を積み重ねることができないので，金属粉末をステージ上に均一の厚さで敷きつめ，必要な部分にレーザを照射して溶解固化させる等の方法がとられている．

6.7 接　合

機械部品を作る際には，複数の部品を接合する必要が生じることが多い．本節では**接合**の代表例として，溶接を紹介する．**溶接**は，複数の部品の溶接部を一旦溶融して接合する手法である．溶融するためには，工作物の温度を上げる必要がある．温度を上げる方法として，電気放電を利用する方法（**アーク溶接**と呼ばれる），ガスを利用する方法（**ガス溶接**と呼ばれる），レーザを利用する方法（**レーザ溶接**と呼ばれる）等がある．それぞれの方法によって長短があるが，図 6.9 ではアーク溶接の例を模式的に示した．アーク溶接では，溶接棒と加工物との間にアーク放電を発生させ，**開先**（かいさき）と呼ばれる部分に溶接棒を溶解して充満させる．同時に，加工物の一部分も溶解し，溶接棒の溶解物と一体化させる．アークを止めれば溶解物が固化し，溶接が完了する．溶接接合で気を付けないといけないのは，溶解部が固化するときに体積収縮が起こるので，**残留応力**が生じることである．また，加工物の一部も溶解するので加工物にも**組織変化**が生じる．これらの点を解消するために，重要部品では溶接後に熱処理をすることが多い[6]．自動車部品には多くの部品で溶接部品が使用されている．

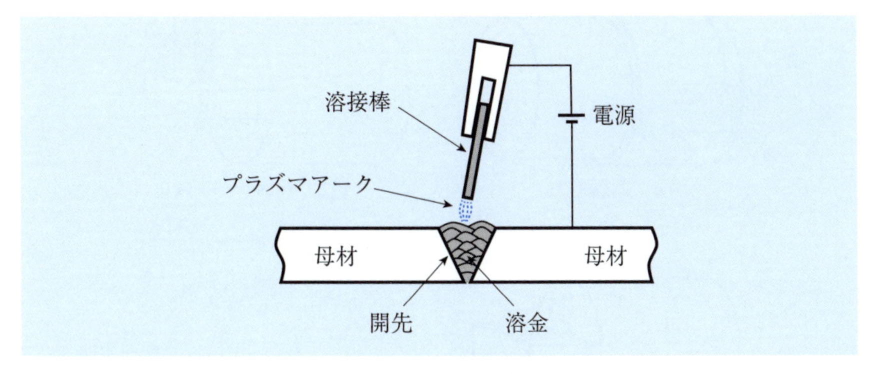

図 6.9　アーク溶接

[6] 溶接後熱処理のことを，PWHT（Post Weld Heat Treatment）と省略して呼ぶことがある．初めて聞くと何のことかわからないので，頭の片隅にとどめておいても損はないかと思う．

■ 例題 6.2 ■

図 6.10(a) に示す平面部と丸穴を有する円柱の加工手順と使用する工作機械を調べよ．

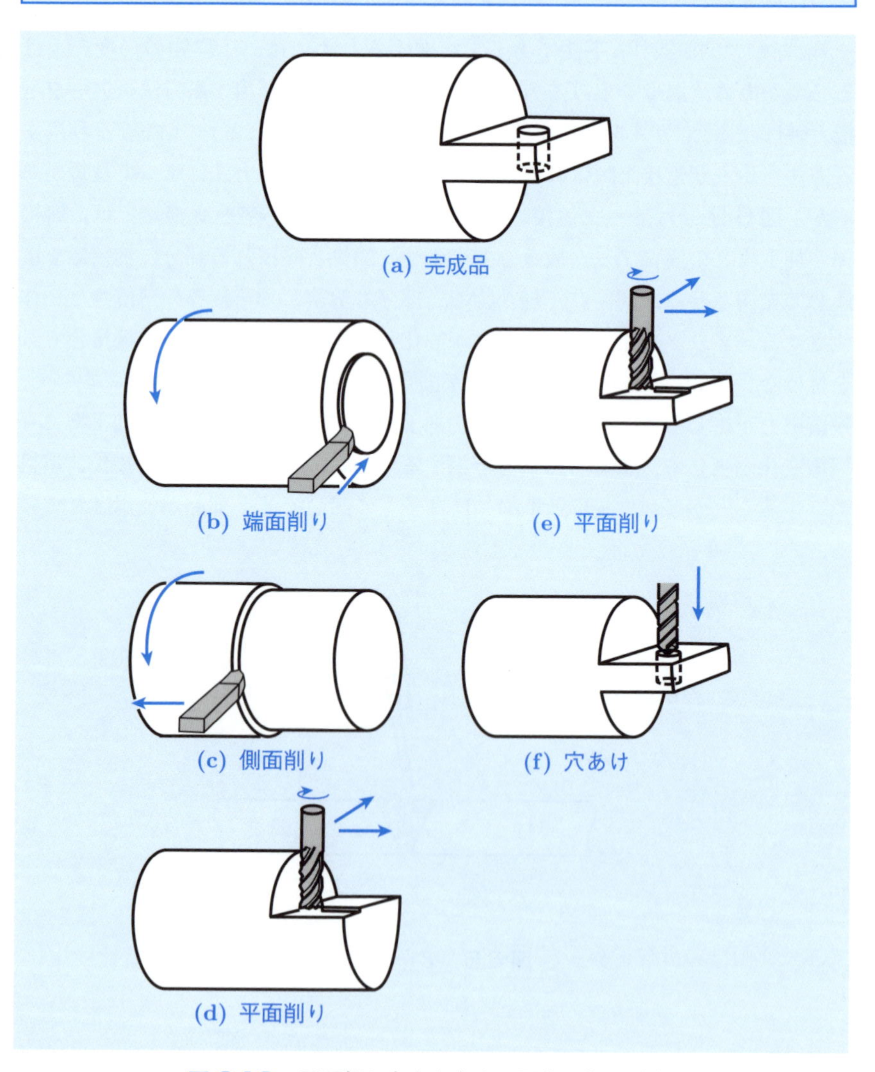

図 6.10　平面部と丸穴を有する円柱の加工手順

【解答】 加工精度に応じて使用する工作機械が変わるが，ここでは，切削加工（バイト（刃物）で加工）を行うことを前提として考えてみよう．切削加工よりも高い精度が必要な場合には，一旦，切削加工で仕上がり寸法よりも少し大きめに加工し，その後，研削加工（砥石で加工）を行うことになる．

まず，同図 (b) に示すように，旋盤に仕上がり寸法より少し太めで，少し長めの丸棒の一端をつかみ，他端の端面を**片刃バイト**で仕上げる．次いで，同図 (c) のように側面を**剣バイト**（両側に刃先が付いているバイト）で仕上げ寸法に削る．平坦部は，工作物を旋盤から外し，フライス盤に取り付け，**エンドミル**で仕上げる（同図 (d)）．工作物を 180° 回転させ，反対側の平面をエンドミルで加工する（同図 (e)）．最後に，ドリルをフライス盤に取り付け，穴を開ける（同図 (f)）．

比較的簡単な形状の図 6.10(a) においても，切削加工しようとすると (b) から (f) の手順が必要である．部品の図面を書く際には，このような加工手順を予め考慮する必要があることを理解して欲しい．■

■ 例題 6.3 ■

図 6.9 に示すアーク溶接で溶接時の残留応力はどのようにして発生するのかを調べてみよ．

【解答】 図 6.11 に残留応力が発生する要因を模式的に示す．同図 (a) に示すように，**突合せ溶接**では開先部に下方から溶接金属（溶金と略されることが多い）を順次積層する．同図 (a) はその途中を示しており，溶金の下部は固体となっているが，上部は溶融金属（液体）である．溶融金属は固まるときに体積収縮を生じ，固体になった後にも温度下降に伴い体積収縮が生じる（熱膨張の逆の現象が生じる）．体積収縮した溶融部が同図 (b) に両側の母材と切り離して模式的に描いてある．下部の溶金部は両側の母材と融合されているので，上部両側の母材に縮んだ部分を接合してみると，縮んだ溶金部には引張応力が発生することがわかる．なお，引張応力は溶金部だけではなく，溶金部と接合されている母材部にも生じていることは容易に想像できるだろう．逆に溶融部より下の元々固体であった部分と周辺の母材部には圧縮の応力が発生する．このように，溶接部には外力が働いていないのに，溶接過程によって内

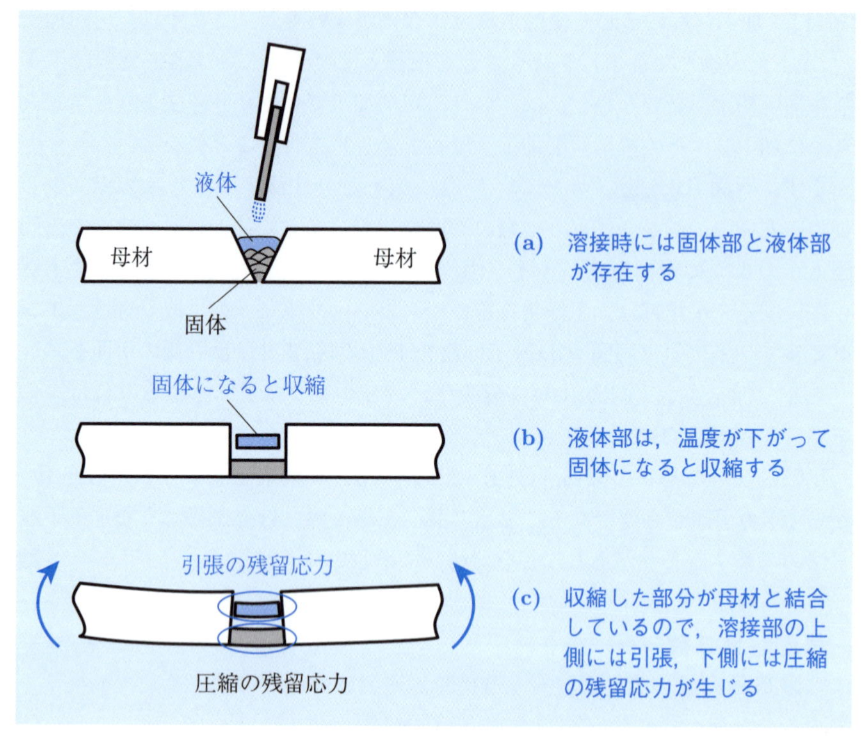

図 6.11　溶接部に発生する残留応力

部に生じる応力のことを**残留応力**という．溶接部は同図 (c) に示したように残留応力によって上側に反り変形を生じることがよく見られる．残留応力は，図 6.11 に示したように部品を変形したり，外力に上積みされることがあるので，溶接による部品接合時には十分配慮すべき事項である．■

6章の問題

□**6.1**　切削，研削，鋳造，ワイヤカットの各加工法の加工精度を調べよ．

□**6.2**　**きさげ加工**とはどのような加工法か，加工法とその特徴を調べよ．

□**6.3**　**スポット溶接**とはどのような溶接法かを調べよ．

第7章

内燃機関 —熱力学—

機械を動作させるためには，動力源が必要である．動力源としては，内燃機関としてのガソリンやディーゼルエンジン，ガスタービンが代表例である．外燃機関としては，蒸気タービンが代表例である．本章では，自動車の動力源であるガソリンエンジンを例として取り上げ，熱力学の基本法則から，性能や熱効率について紹介する．

7.1　熱力学の第1法則

熱力学は，18世紀のイギリスでの蒸気機関の発明に動機づけられて誕生し，蒸気機関の熱効率向上や改良等と密接に関連しながら発展してきた学問分野である．また，熱力学は蒸気機関やその後のガソリンエンジン（以下，エンジンと略）の効率向上の理論的裏付けに大きく寄与してきた．熱力学は，マクロな熱の出入りや熱の仕事への変換を取り扱う学問であり，発熱の原因や温度の物理的な意味については問わない学問分野であることに注意して欲しい．

熱力学の第1法則からはじめよう．具体例について第1法則を説明する方がイメージしやすいので，ここでは，エンジンを例にして第1法則を考えてみよう．

熱力学の第1法則は，**エネルギーの保存則**であり，エネルギーの変化量にΔを付けて示すと，(7.1)で表すことができる．

$$\Delta U = \Delta Q + \Delta W \tag{7.1}$$

ΔUは**内部エネルギー**の変化量である．内部エネルギーの物理的な実体はあまりはっきりとはしないが，ここでは，漠然とシリンダ内の気体が持っているエネルギーと考える．ΔQは**熱量**の変化量である．本章では，図7.1に示すようにシリンダ内でガソリンと空気の**混合気**が燃焼して発生する熱量である．

ΔWはピストンがシリンダ内の気体にする**仕事量**である．シリンダ内の気体がピストンによって圧縮される（仕事を受ける）場合の符号を正とするように決めている．(7.1)は，シリンダ内に発生した熱量ΔQとピストンが気体にした仕事量ΔWとの和（ピストンが外部に仕事をする場合には差となる）が，気体の内部エネルギーの変化量ΔUとなる，というエネルギーの保存則を示している．

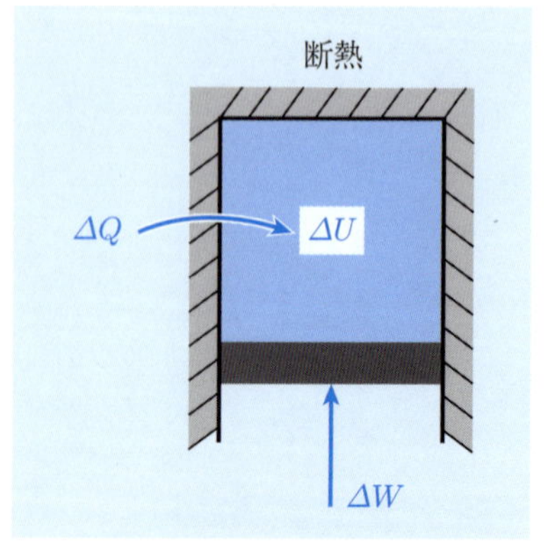

図7.1　エンジンを例にしたときの熱力学第1法則

(7.1)はΔという増分で表示してあるので，現象の理解には都合が良いが，数式処理をするには使い勝手が悪い．できれば，第 1 法則を微分形に書きたい．微分形に書ければ，それを積分することによって変化量を求めることができる．そこで，(7.1) を微分形に変形すると (7.2) になる．

$$dU = d'Q + d'W \tag{7.2}$$

(7.1) と (7.2) とを比較すると，$\varDelta U$ は dU となっているが，$\varDelta Q$ と $\varDelta W$ は $d'Q$ と $d'W$ に変換されている．$\varDelta Q$ と $\varDelta W$ が $d'Q$ と $d'W$ のようにプライム（$'$）付きに変換されているのは，熱量 $\varDelta Q$ と仕事量 $\varDelta W$ が**状態量**ではないからである（状態量の判定条件については例題 7.1 を参照）．

$d'Q$ と $d'W$ を状態量に変換するためには，

$$d'Q = T\,dS, \quad d'W = -p\,dV \tag{7.3}$$

のように独立変数を Q から S に，W から V へと変換することによって可能となる．S と V はそれぞれ，**エントロピー**と体積である．(7.3) を (7.2) に代入すると，(7.4) を得る．

$$dU = T\,dS - p\,dV \tag{7.4}$$

右辺第 2 項にマイナスが付いているのは，図 7.1 に示したように，ピストンがシリンダ内の気体に仕事をするときに $d'W$ は正としており，(7.3) の場合には $p\,dV$ の気体がシリンダに仕事をすることを前提としたからである．

Coffee Break 7.1

● エンタルピーとエントロピーは違うのか ●

筆者も大学の学部時代に熱力学の講義を受け，恥ずかしいことに当時は**エンタルピー**とエントロピーが同じ物理量だと思っていた．両者が異なる物理量であることを知ったのは，ずっと後日のことである．熱力学は，エンタルピー，エントロピー，**ヘルムホルツのエネルギー**や**ギブズのエネルギー**など，多くの変数や偏微分が出てきて頭が混乱する．数式や変数の関連性を一覧表にしながら学習を進めると，混乱が少し軽減するかもしれない．「連続体力学の話法—流体力学，材料力学の前に—」清水昭比古著（森北出版，2012）の巻末にある一覧表が参考になる．エンタルピーとエントロピーとの違いを確認しておこう．

エンタルピー（H）は次式で定義される．

$$H = U + pV \tag{7.5}$$

この式の微分をとると，

$$dH = dU + p\,dV + V\,dp \tag{7.6}$$

定圧条件下では，$dp = 0$（dp は p の変化量であり，p 自体は0とは限らないので注意）であり，(7.6) は，

$$dH = dU + p\,dV \tag{7.7}$$

となる．また，(7.2) と (7.3) から，

$$d'Q = dU - d'W = dU + p\,dV \tag{7.8}$$

(7.7) と (7.8) から，等圧条件下（$dp = 0$）では

$$dH = d'Q \tag{7.9}$$

となる．結論的には，エンタルピーの変化量 dH は**等圧条件**の下での熱量の変化 $d'Q$ を表すことになる．

エントロピーの変化量 dS は，(7.3) に示したように熱量の変化 $d'Q$ を温度 T で割ったものである．今は，これ以上の物理的な説明はできない．**孤立系の断熱条件**下では，エントロピーが増加する方向に現象は進行する．これは，**熱力学の第2法則**と対応している．

■例題 7.1■

内部エネルギーの微分 dU が状態量であるための条件を調べよ．ここで，内部エネルギー U はエントロピー S と体積 V の関数 $U = U(S,V)$ とする．

【解答】 理想気体の**状態方程式**は，

$$pV = nRT \tag{7.10}$$

と書くことができる．p は圧力，V は体積，n は**モル数**，R は**ガス定数**，T は温度である．n と R は定数であるので，(7.10) での変数は，p,V および T の3個である．理想気体以外の気体についても，(7.10) に類似した関係があれば，

$$T = T(p, V) \tag{7.11}$$

と書くことができる．熱力学では，一部の場合を除いて独立変数を 2 個とすることを前提としている．

U の変化量を dU とし，dU を U の全微分（つまり状態量）とする．U を S と V との関数とすれば，つまり $U = U(S, V)$ とすれば，dU は (7.12) で表すことができる．$(\frac{\partial U}{\partial S})_V$ はエントロピー S で内部エネルギー U を偏微分することを示しており，括弧の右下の V は，V を一定と見なしていることを明示するためのものである．このように書くことは，熱力学では慣習になっている．

$$dU = \left(\frac{\partial U}{\partial S}\right)_V dS + \left(\frac{\partial U}{\partial V}\right)_S dV \tag{7.12}$$

dU が全微分になっているかどうかは次式の偏微分順序の交換性の成立が判定条件となる．

$$\frac{\partial}{\partial V}\left(\frac{\partial U}{\partial S}\right)_V = \frac{\partial}{\partial S}\left(\frac{\partial U}{\partial V}\right)_S \tag{7.13}$$

ここでは，結論だけを述べたが，(7.13) が判定条件になることは，本機械工学テキストライブラリ「機械工学系のための数学」6.3 節「1 階微分方程式」や解析学の本を参照して欲しい．■

注意　状態量とは，始点と終点が決まれば，どのような経路をとっても，一意的に決まる変化量のことである．数学的には，状態量であるとは微分が**全微分**であるということと等価である．内部エネルギーの微分 dU は全微分であるが，熱量 $d'Q$ と仕事量 $d'W$ は全微分とならないため，d にプライム（$'$）が付けてある．(7.2) は，dU は状態量であるが，$d'Q$ と $d'W$ はそれぞれ単独では状態量ではなく，両者がたどる経路によって，積分した Q や W の値が変わることを示している．ただし，$d'Q$ と $d'W$ の和は状態量になることに注意して欲しい．紙面の都合から本書ではこの点に詳しく立ち入らないので熱力学のテキストを参照して欲しい．

例題 7.2

示強性状態量と示量性状態量とはどのようなものを指すのか．

【解答】 図 7.2 に示すように，温度 T，圧力 p，内部エネルギー U，エントロピー S，体積 V を有している気体が二つあるとする．これらを矢印のように合体したときに変化しない量を**示強性状態量**といい，2 倍になる量を**示量性状態量**という．

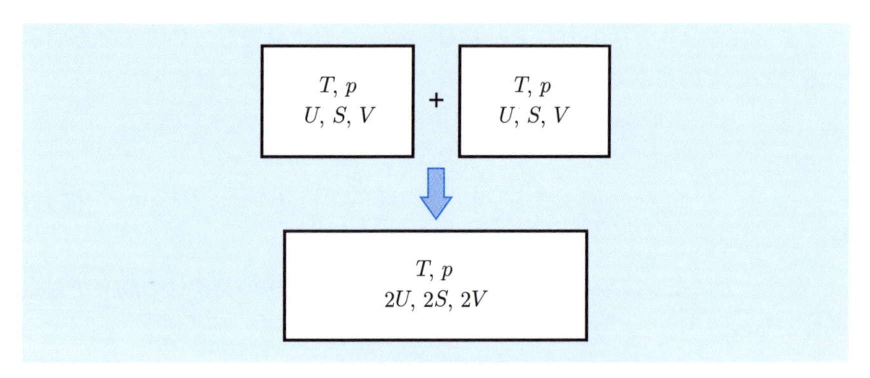

図 7.2　示強性状態量と示量性状態量

温度 T と圧力 p は合体後も変化しないので，示強性状態量である．内部エネルギー U と体積 V は，合体後に 2 倍になることは自然に理解できることから示量性状態量である．しかし，エントロピー S は 2 倍になるかどうかは直観的にはわからないので，定義に戻って確認する必要がある．エントロピーの増分 dS は (7.3) から $dS = \frac{d'Q}{T}$ であり，合体後，$d'Q$ は熱量なので 2 倍になり，T は変化しないので，dS は 2 倍となる．このことから，エントロピーは示量性状態量であることがわかる．ここでは，2 倍になるかどうかについて考えたが，一般化して n 個の気体の合体についても成立することがわかる． ■

7.2　4ストローク（行程）エンジンの動作

自動車に使用されているエンジンは，**4ストロークエンジン**（**4行程エンジン**）である．この4行程の各行程の模式図を図7.3に示す．図のエンジンは，**シリンダ**，**ピストン**，**吸気管**，**排気管**，**吸気弁**および**排気弁**，**燃料噴射管**，**点火プラグ**から構成されている．四つの行程は，以下の吸気，圧縮，燃焼，排気である．

① **吸気行程**では，吸気弁が開いてピストンが下がる．エンジン外部の空気が燃料噴射管から噴射されたガソリンと混合されて（**混合気**という），シリンダ内に充満する．ピストンが下がり切った位置を**下死点**という．

② **圧縮行程**では，吸気弁を閉じ，ピストンを上げることで混合気を圧縮

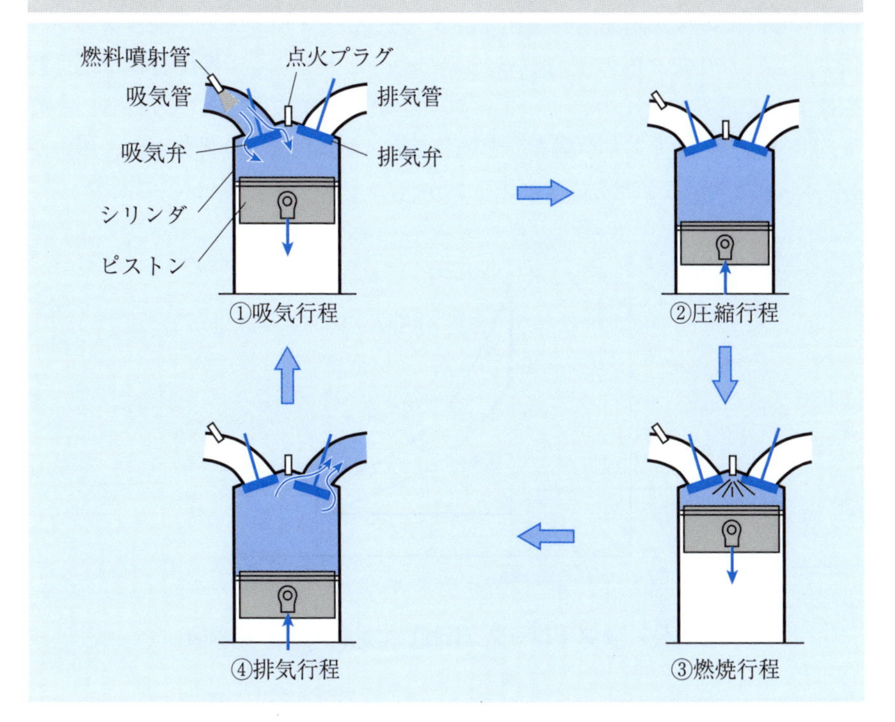

図7.3　自動車用4ストロークエンジンの四つの行程

する．ピストンが最も上にある位置を**上死点**という．上死点の少し手前で，点火プラグに点火し，混合気を燃焼させる．

③ **燃焼行程**では，混合気の瞬時の燃焼によってピストン内の気体の温度と圧力が高まり，ピストンが押し下げられる．つまり，ピストン内の気体がピストンに仕事をする．

④ **排気行程**では，排気弁を開け，ピストンを上げて燃焼後のガスを排気する．ピストンが上死点に達した後は，①の吸気行程に戻る．

これらの4行程をシリンダ内の圧力 p と体積 V との関係で示すと，図 7.4 のようになる．この行程図は，**オットーサイクル**と呼ばれ，エンジンの働きを模擬するとされている．同図で，V_{B} はピストンが上死点にあるときのシリンダ内の容積であり，V_{A} は下死点にあるときの容積である．吸気行程XAでは，大気圧（**ゲージ圧**[1]で0気圧）の混合気が容積 V_{B} から V_{A} までシリンダ内に入る．その後，圧縮過程ABで混合気を V_{B} まで圧縮する．混合気の燃焼によって，シリンダ内の圧力が p_{B} から p_{C} へと上昇する．燃焼行程では，燃焼によって上昇した圧力によってピストンがC→Dに押し下げられる．その後，排気過程では排気弁が開き，燃焼したガスが排気管より排気され，圧力が $p_{\mathrm{D}} \rightarrow p_{\mathrm{A}}$ と下がるとともに，ピストンがXに上昇し体積は V_{B} まで減少する．

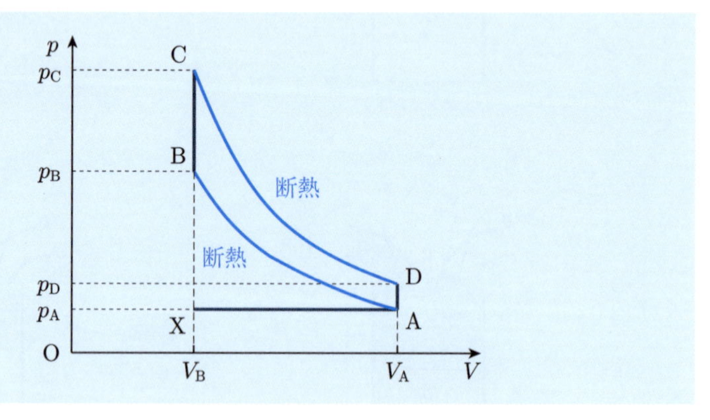

図 7.4　4ストローク（行程）エンジンの $\boldsymbol{p}$-$\boldsymbol{V}$ 線図

[1] 地球上では空気によって約1気圧の圧力がかかっている．しかし，この圧力を考慮せずに，地表での圧力を0気圧として計測したときの圧力をゲージ圧という．

圧縮過程でピストンを押し上げるための仕事 W_{AB} および燃焼過程でピストンを押し下げる仕事 W_{CD} を考えよう．図 7.5 に示すように，両過程でピストン内の圧力を p とする．熱力学では慣例的に，前述のようにピストンが気体にする仕事（圧縮過程）に正の符号を，シリンダ内の気体がピストンにする仕事（燃焼過程）に負の符号を付けることになっている．圧力 p の気体をピストンが微小体積 dV だけ圧縮または膨張させたときに，ピストンがする（またはされる）仕事 $d'W$ は，

$$d'W = -p\,dV \tag{7.14}$$

と表すことができる．図 7.4 で，A から B へピストンが混合気を圧縮した場合の仕事は，(7.14) を AB 間で積分して，次式で得られる．

$$W_{\mathrm{AB}} = -\int_{\mathrm{A}}^{\mathrm{B}} p\,dV \quad (dV \leq 0, W_{\mathrm{AB}} \geq 0) \tag{7.15}$$

この式は，図 7.4 の曲線 AB の下の面積に対応している．これと同じように CD 間で混合気の燃焼によって気体がピストンにした仕事は下式のように得られる．

$$W_{\mathrm{CD}} = -\int_{\mathrm{C}}^{\mathrm{D}} p\,dV \quad (dV \geq 0, W_{\mathrm{CD}} \leq 0) \tag{7.16}$$

この式は，図 7.4 の曲線 CD の下の面積に対応している．1 サイクルの間にシリンダ内の気体がされた仕事は，下式で表される．

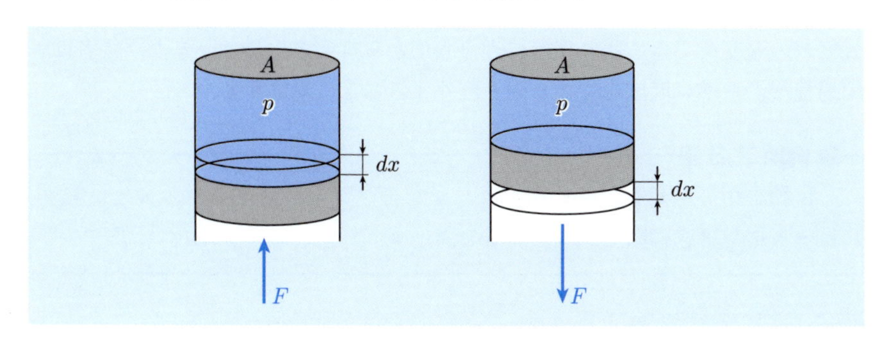

図 7.5　ピストンに加えられる（加わる）力と変位

$$W = -\oint_{\mathrm{ABCD}} p\,dV = W_{\mathrm{AB}} + W_{\mathrm{BC}} + W_{\mathrm{CD}} + W_{\mathrm{DA}}$$
$$= \left(-\int_{\mathrm{A}}^{\mathrm{B}} - \int_{\mathrm{B}}^{\mathrm{C}} - \int_{\mathrm{C}}^{\mathrm{D}} - \int_{\mathrm{D}}^{\mathrm{A}}\right) p\,dV = -\int_{\mathrm{A}}^{\mathrm{B}} p\,dV - \int_{\mathrm{C}}^{\mathrm{D}} p\,dV \quad (7.17)$$

BC 間および DA 間は体積変化がないので $dV = 0$ となり，$W_{\mathrm{BC}} = W_{\mathrm{DA}} = 0$ となる[2)]．図 7.4 に示した p-V 曲線との関連では，W_{AB} および W_{CD} はそれぞれ，曲線 AB および CD の下の面積となることから，図 7.4 での閉曲線で囲まれる面積はオットーサイクルが外部になした仕事量となる．

注意 図 7.5 に示すように，ピストンの断面積を A とすると，力は $F = pA$ となる．dx だけピストンが移動したとすると，正負も考慮して仕事は $d'W = -F\,dx = -pA\,dx$ となる．移動したときの微小体積は，$A\,dx = dV$ と表せるので，最終的に仕事は $d'W = -p\,dV$ となる．この関係は $p = -\frac{d'W}{dV}$ とも書けるので，圧力 p は単位体積当たりの仕事，つまりエネルギーともいえる．なお，ここでは，圧力 p のすべての合力がピストンに働く力 F になると仮定している．この関係は第 8 章でも用いる．

さて，このオットーサイクルの**熱効率** η はどのように表されるのであろうか．種々の表記法があるが，ここでは温度 T を用いて表すと (7.18) のようになる．

$$\eta = 1 - \frac{T_{\mathrm{D}} - T_{\mathrm{A}}}{T_{\mathrm{C}} - T_{\mathrm{B}}} \quad (7.18)$$

熱効率 η をできる限り大きくするには，T_{D} と T_{A} の差をできる限り小さく，T_{C} と T_{B} の差をできる限り大きくすると良い．図 7.4 の関連では，前者は燃焼ガスの温度をできる限り室温に近くしてから排気すること，また，後者は圧縮過程後から燃焼温度をできる限り高くすることに対応する．

■ 例題 7.3 ■

自動車用エンジン，船舶用ディーゼルエンジン，発電用ガスタービン，ヒートポンプ式の暖房機の熱効率を調べよ．

[2)] BC 間と DA 間でシリンダ内が等体積でない場合には，$W_{\mathrm{BC}} + W_{\mathrm{DA}} = 0$ となり，同様の関係が成立する．

【解答】 表 7.1 に示すように，最近の高効率なエンジンでは，熱効率は 40% 前後であると言われている．逆に言うと，ガソリンを燃焼した熱の 60% 前後を熱として廃棄していることになる．船舶用のディーゼルエンジンが内燃機関の中では最も熱効率が高く，熱効率は約 50% である．発電用のガスタービンは単体で約 40% であるが，ガスタービンと蒸気タービンを組み合わせた複合サイクル発電（コンバインドサイクル発電と呼ばれることが多い）では，蒸気タービンの熱効率が約 20% 追加され，総合熱効率は約 60% 程度となる．ヒートポンプ式の暖房機は熱効率が 400% になることもある．熱効率が 100% を超えるのは，奇異に思えるかもしれないが，ヒートポンプ式では低温部から高温部に熱を移動させるために電気エネルギーを使っているので，このような高効率となることがある．ただし，この効率は高温部と低温部の温度に大きく依存する．本書では，紙面の都合で述べなかったが，ヒートポンプ式の暖房機の効率の理論値を求めることは熱力学の知識で可能である．■

表 7.1　代表的な熱機関等の熱効率

熱機関等	熱効率
自動車用エンジン	約 40%
船舶用ディーゼルエンジン	約 50%
発電用ガスタービン	約 40%
ヒートポンプ式暖房機	約 400%

さて，このようにしてガソリンを燃料にするエンジンの性能はどのようなものであろうか．図 7.6 に，ある**エンジンの性能線図**を示す．同図で，横軸はエンジンのクランク軸の回転数である．4 行程エンジンでは，図 7.3 の 1 サイクルで，クランク軸が 2 回転する．横軸の単位は，毎分当たりの回転数（revolutions per minute）であり，縦軸には**クランク軸出力** W とトルク T が左右の軸に記してある．出力 W はトルク T と回転数（N [rps]）[3] との関係で，

$$W = 2\pi TN \tag{7.19}$$

となる．図 7.6 から，エンジンの出力は低回転数のときには小さいが，回転数の増加に伴って出力が線形的に増加し，回転数が 6,000 rpm を少し超えた

3) 図 7.6 や図 7.7 での回転数は毎分当たり（rpm）で示されているが，(7.19) では，毎秒当たりの回転数（rps：revolutions per second）で示されている．したがって，(7.19) を使用する場合には，rpm から rps に変換する必要がある．

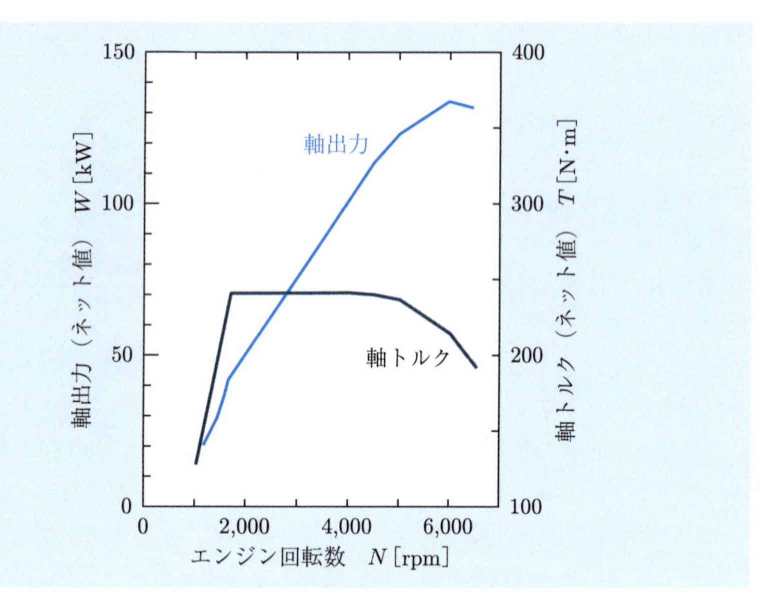

図 7.6　エンジンの性能線図

ところで最高値となる．一方，トルクは 2,000〜5,000 rpm の間ではあまり大きな変動はないが，この回転数範囲以下および以上では，トルクは小さくなる[4)]．これらの出力およびトルク特性から，エンジンはある程度の回転数で回転させないと必要なエンジン出力やトルクを得られないことになる．したがって，エンジンの回転数とタイヤの回転数との関係を可変にできる変速ギヤ（**トランスミッション**と呼ばれる）が必要である．エンジンの技術者にとって，回転速度の遅い範囲から最大出力や最大のトルクが出るようなエンジンを開発することが理想であった．いわば，後述する電気モータのような出力特性がエンジン技術者の理想であった．

環境保全の点から，自動車にも電気モータが搭載されるようになってきた．それでは，電気モータの出力特性を最後に見ておこう．図 7.7 はある自動車用電気モータの出力とトルク特性を示したものである．図 7.7 では，回転数

---

4) 図 7.6 に示すエンジンの出力特性は，アクセルを一杯に踏み込んだときのもの（**全開出力**という）である．アクセルを半分または $\frac{1}{4}$ 程度しか踏み込まないときには，この線図は形状が異なるのでその点には注意が必要である．

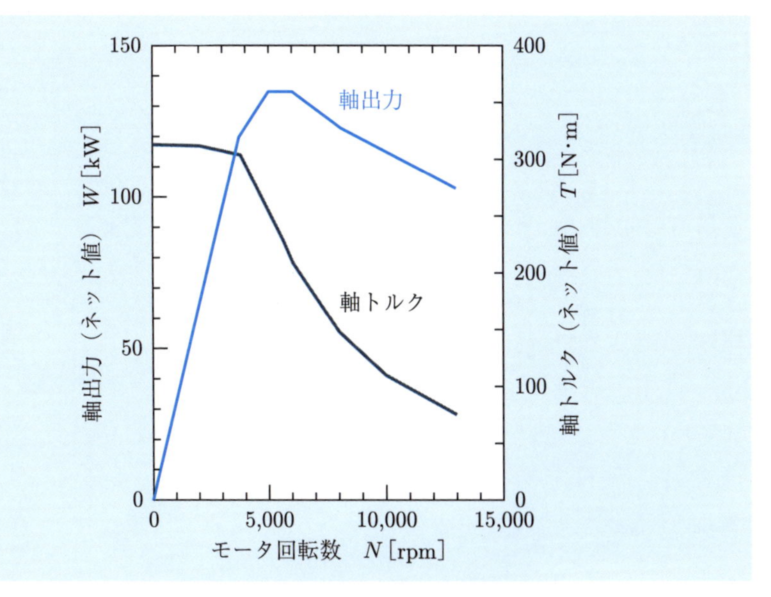

図 7.7　自動車用電気モータの性能線図

が 4,000 rpm 以下では，トルクは一定であるので，出力は回転数に伴って直線的に増加する．このことは，(7.19) から理解できる．電気モータの場合には，5,000 rpm 以上では回転数の増加に伴ってトルクが低下し，出力が一定値となっている．電気モータの場合には，低回転数から大きなトルクを発生するので，変速機が必要ないことが理解できる．

7章の問題

□**7.1**　熱力学第 2 法則について調べよ．

□**7.2**　等積比熱と等圧比熱との関係について調べよ．

□**7.3**　エンジンの動作はオットーサイクルで模擬できるとされている．圧縮比 $\left(\frac{V_A}{V_B}\right)$ が 8 のオットーサイクルの熱効率を求めよ．

第8章

空力特性　—流体力学—

流体力学は，文字通り，流体運動の記述法を学習する科目である．水をはじめとして，流体は身の周りに非常に多く存在する．本書で具体例として取り扱っている自動車にも，流体は多く使用されている．エンジンを冷却するための冷却液，エンジンやギヤを潤滑する潤滑油，ブレーキ液等がある．さらに，第 2 章で述べた，自動車の走行抵抗となる空気も流体である．本章では，流体力学で有用とされるベルヌーイの定理の意味を解説する．さらに，ベルヌーイの定理に基づいて第 2 章で述べた自動車が走行する際の走行方向の空気抵抗力（抗力）を抗力係数 $C_{\rm d}$ 値との関連で考える．

8.1　ベルヌーイの定理

流体力学で代表的な定理は**ベルヌーイの定理**であろう．ベルヌーイの定理を説明的に誘導してみよう[1)]．図 8.1 に基準面から z の高さにある質量 dm の流体の微小粒が**流線**[2)] に沿って速度 $\boldsymbol{v}$ で運動している状態を示す．このとき，考えないといけないこの微小粒のエネルギーは，**運動エネルギー**，**位置エネルギー**および**圧力によるエネルギー**の3者であり，それぞれを求めてみよう．

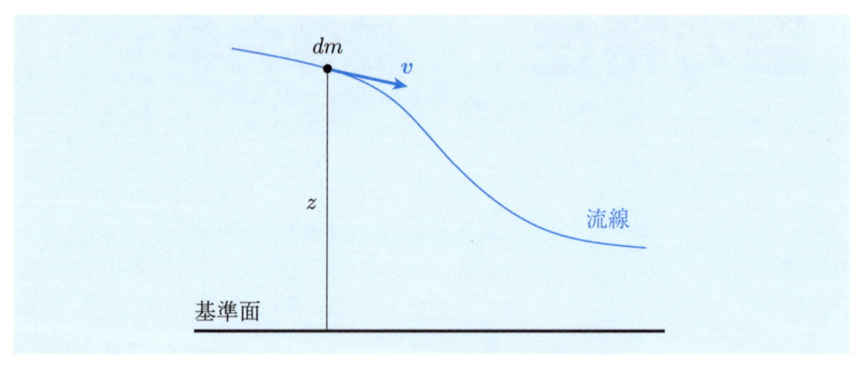

図 8.1　ベルヌーイの定理の説明図

速度ベクトル $\boldsymbol{v}$ の大きさを q $(= |\boldsymbol{v}|)$ とすると，運動エネルギーは $\frac{1}{2}dm\,q^2$ となり，基準面からの位置エネルギーは $dm\,gz$ となる（g は重力加速度）．圧力がエネルギーに対応するかということについては，やや，違和感があるかもしれないので，この点を考えてみよう．図 8.2 に体積 V，圧力 p，質量 dm の気体が容器内にあり，その気体を圧力 p で dV だけ押し込んだとすると，外力がなした仕事は第7章の (7.3) で述べたように $p\,dV$ となる．この圧縮仕事が断熱過程で生じたとすると，外力が気体になした仕事と気体が蓄えたエネルギーとは同じになり，$p\,dV$ になる．言い換えると，圧力は単位体積当たりのエネルギーである．

運動エネルギー，位置エネルギーと圧力によるエネルギーとの和を一定値

[1)] ここでのベルヌーイの定理の誘導は説明的であり，厳密さを欠いている点に注意して欲しい．ここでは，ベルヌーイの定理の物理的な意味をわかりやすく説明することに重点を置いた誘導となっている．

[2)] 流線については章末の問題 8.3 を参照のこと．

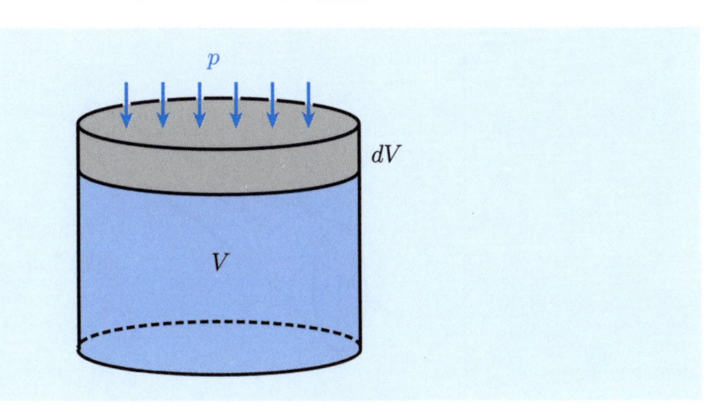

図 8.2　外力が気体にする仕事

C_1 とすると，下式が成立する．

$$\frac{1}{2}dm\,q^2 + dm\,gz + p\,dV = C_1 \tag{8.1}$$

微小粒の質量 dm，体積 dV と密度 ρ との関係は，$dm = \rho\,dV$ となるので，この関係を (8.1) に代入し，項の順序を変え，$\frac{C_1}{dV} = C$ とおくと (8.2) を得る．

$$p + \frac{1}{2}\rho q^2 + \rho gz = C \tag{8.2}$$

この式は，ベルヌーイの定理と呼ばれ，**完全流体**，**定常流**，**保存力**等[3] の場合に適用できる．(8.2) は，同じ流線上では，3 者のエネルギーの和（総エネルギー）が一定値であることを示している．なお，(8.1) では質量 dm，体積 dV の微小粒のエネルギー式となっているが，(8.2) は $dm = \rho\,dV$ の関係式を用いて変換しているので，単位体積当たりのエネルギー式となっている．

注意　完全流体とは，粘性のない流体を指す．粘性とは，流体がさらさらか，ねばねばかという性質を表す指標である．完全流体とは隣り合う流体の部分間で力の影響がない完全にさらさらな流体である．定常流とは，時間経過に伴って流れに変化がない流れを指す．保存力とは，力が働いて物体（この場合は流体）が移動した際，経路に依存せずに始点と終点の位置だけで運動が記述できる力を指す．重力も保存力である．ここでは，粘性，定常流，保存力についてイメージ的に述べているが，これらの厳密な定義は講義で学習して欲しい．

[3] 7.2 節の注意も併せて参照して欲しい．

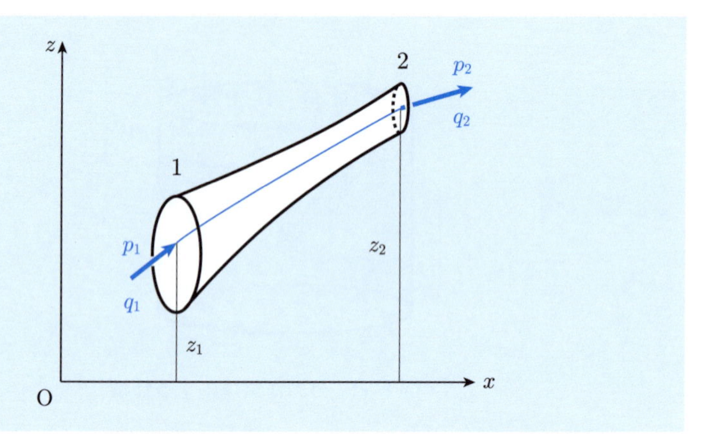

図 8.3　管を流れる流体へのベルヌーイの定理の適用例

図 8.3 に一本の流線を示す．位置 1 と 2 における (8.2) でのそれぞれの物理量に下付の 1 と 2 で付けて区別すると，図 8.3 に示した例では，(8.2) から下記の関係を得る．

$$p_1 + \frac{1}{2}\rho q_1^2 + \rho g z_1 = p_2 + \frac{1}{2}\rho q_2^2 + \rho g z_2 \tag{8.3}$$

(8.3) の意味を図 8.3 で考えてみよう．左辺第 1 項 p_1 は**静圧**と呼ばれている物理量である．なぜ，静圧と呼ばれているかというと，位置エネルギー $\rho g z_1$ が一定の場合（$\rho g z_1 = \rho g z_2$），左辺の 2 項の和（$p_1 + \frac{1}{2}\rho q_1^2$）も一定値となる．このことから，流体の速度が小さくなれば，圧力 p_1 は大きくなる．極限として，流体の速度が 0（$q_1 = 0$）では，圧力 p_1 は最大値となり，そのときの圧力が流体の静止状態に対応しているため，静圧と呼ばれている．

■ 例題 8.1 ■

図 8.4 に示すように，断面積 S_0 を有するタンクに粘性のない液体が入っている．タンクの液面から下方 h の距離に断面積 S の小穴があけてあり，小穴から液体が速度 q で流れ出ている．外部の圧力を p_0，液体の密度を ρ，タンクの断面積は小穴の断面積よりも十分大きいとする．このとき，小穴から流れ出る液体の速度を求めよ．

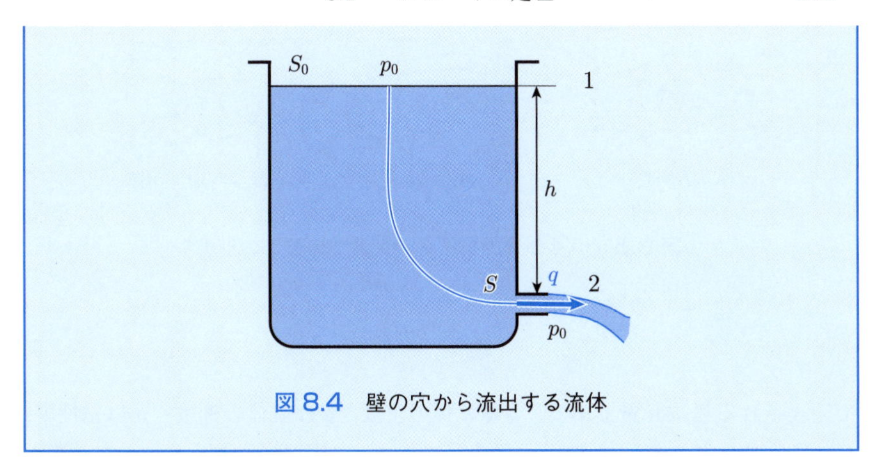

図 8.4　壁の穴から流出する流体

【解答】　タンクの断面が小穴の断面に較べて十分に大きければ，定常流として取り扱ってよい．したがって，タンクの液面上の総エネルギーと小穴から流れ出る液体の総エネルギーは等しい，というベルヌーイの定理を用いる．(8.3) の左辺の添え字が 1 のものをタンクの液面上の液体とし，右辺の添え字が 2 のものを小穴の液体とする．小穴の高さを基準とし，タンクの液面は小穴の基準面から高さ h の位置にあるとする．これらから，(8.3) で，$p_1 = p_2 = p_0$, $z_1 = h$, $z_2 = 0$ とおく．さらに，タンクの液面の下がる速度の大きさは小穴から流れ出るそれに較べて十分に小さいと考えられるので，$q_1 = 0$, $q_2 = q$ とすると，

$$p_0 + \rho g h = p_0 + \frac{1}{2}\rho q^2$$

を得る．上式を整理して，

$$q = \sqrt{2gh} \tag{8.4}$$

を得る．この関係を**トリチェリの定理**という．■

■ 例題 8.2 ■

レイノルズ数とは，流体のどのような挙動を表す指標かを調べよ．

【解答】　レイノルズ数（R_e：Reynolds number）は

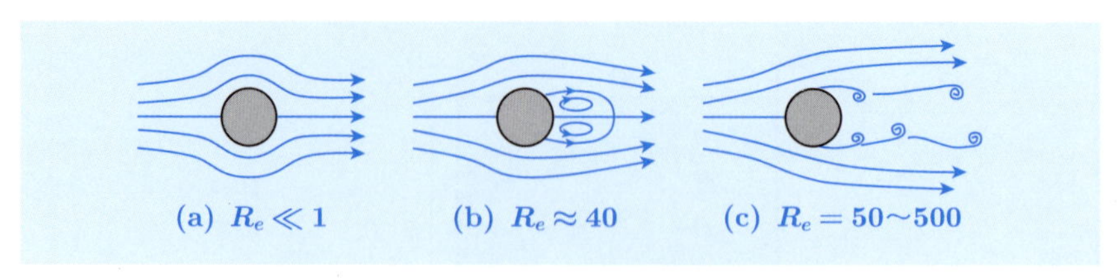

図 8.5　いくつかのレイノルズ数での流れの形態

$$R_e = \frac{\rho q L}{\mu} \tag{8.5}$$

で定義される無次元量である．ρ は流体の密度，q は流体の速度，μ は粘性率，L は考えているスケールを表す代表長さである．図 8.5 に示すような一様な速度 q の中に半径 r の円柱を置いたときには代表長さ L は r の大きさと同程度とすればよい．この場合の流れをレイノルズ数との関連で考えてみよう．

流れの速度が遅いときには，どこにも渦は生じず流れは一様となる（図 8.5(a)）．流れの速度を上げていくと，円柱の後方に定常的な渦が生じる（図 8.5(b)）．さらに，流れの速度を上げていくと，円柱から剥離した流れが渦となり，渦が次々と生じて下流に流れていく（図 8.5(c)）．これらの 3 種類の流れの形態はレイノルズ数を指標にして統一的に考えることができる．すなわち，どのような流体であれ，同じレイノルズ数であれば同じような形態の流れとなる．図 8.5 とレイノルズ数との関連では，図 8.5(a) の流れは $R_e \ll 1$ で，同図 (b) は $R_e \approx 40$ で，同図 (c) は $R_e = 50\sim500$ で生じる流れである．

レイノルズ数が同じであれば，同じような流れの形態になることは，流体力学での実験や数値解析を行う上で，大きな利点となる．たとえば，50 m の長さの石油タンカーを用いて実際に流れの実験を行うことは困難であるが，長さ 1 m の模型のタンカーを用いての実験なら実現の可能性が高い．この両者で同じような流体の形態を得たいならば，同じレイノルズ数となるように (8.5) のパラメータの値を決めて実験を行えばよい．すなわち，(8.5) から，$L = 50$ m と $L = 1$ m とで同じレイノルズ数となるようにするためには，$\frac{\rho q}{\mu}$ を 50 倍にする必要がある．もし，同じ流体を用いれば両者で ρ と μ とは同じであることから，q（流体の速度）は 1 m の模型では 50 倍にする必要があることを示している．■

例題 8.3

粘性係数とはどのような物理量かを調べよ．

【解答】　比較的幅の広い川の流れを観察してみよう．川の流れに乗った枯れ葉等の水面上のものの流れを注意深く観察すると，川岸の近くの流れは遅く，川の中央の流れは速いことがわかる．仮に図 8.6 に示すような流速の分布があるとする．縦軸に y 座標，横軸に x 座標をとり，流れは x 軸の正方向に同図に示すような速度 u の分布を有しているとする．ある y の位置での速度 u と，y から dy だけ離れた位置での速度を考えてみよう．y と $y+dy$ の位置での流速は図 8.6 の右図に示すように，u と $u+\frac{\partial u}{\partial y}dy$ となる．右図に示す二つの隣り合う流体の粒子間の速度が異なり流体に**粘性**がある場合には，両粒子間に**せん断応力** τ が生じる[4]．逆に言えば，この τ の大小によって流体の粘性を定義した方が良い．これらのことを踏まえて，流体の粘性係数 μ は次式で定義される．

$$\tau = \mu\frac{\partial u}{\partial y} \tag{8.6}$$

μ の単位は $\mathrm{Pa\cdot s}$ である．

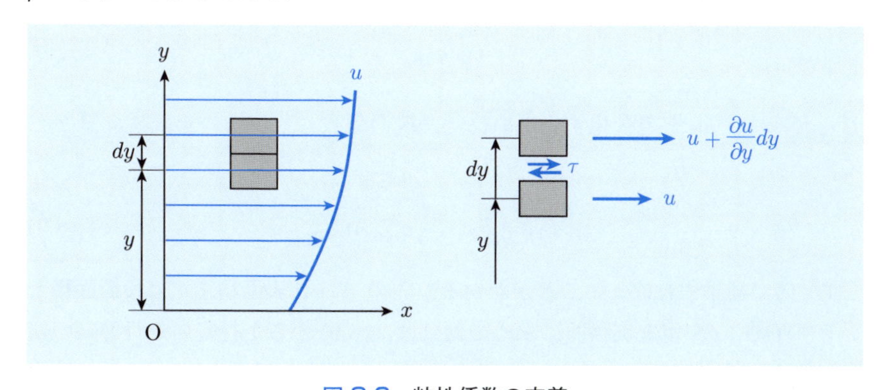

図 8.6　粘性係数の定義

■

[4] せん断応力 τ は流体間に生じる内力（ここでは，粘性によって隣り合う流体間に τ が発生）である．したがって，隣り合う流体間の τ とは，大きさは同じで方向が逆向き（作用・反作用の法則）となる．なお，この図では，τ は各粒子に一つしか書いていないが，実際には各粒子に 4 個の τ が発生する．

8.2 自動車の抗力係数（C_d 値）

第 2 章で自動車の走行抵抗には**抗力係数**（C_d 値）が指標となることを述べた．ここでは，実際に抗力係数を用いて走行抵抗を算出してみよう．

運動している流体のエネルギーの総量は (8.1) で表され，位置エネルギーが変わらないとすれば，走行中の自動車の前方の空気の仕事 $p\,dV$ と運動エネルギー $\frac{1}{2}mv^2$ の和は衝突前と衝突後で同じとなる．それでは，図 8.7 に示すように面積 A の静止している板に密度 ρ の気体が速度 v で衝突し，静止したとする[5)]．静止後に気体の単位体積当たりの運動エネルギーが圧力に変換されるとすると，板に負荷される単位面積当たりの圧力は $\frac{1}{2}\rho v^2$ となる．板の面積が A であることから，流体により板にかかる力 F_1 は下記の式で表せる．

$$F_1 = \frac{1}{2}\rho A v^2 \tag{8.7}$$

実際の自動車は前面に色々な孔等が空いているので，図 8.7(a) ではなく，同図 (b) のようになる．(b) の場合には，一部の流体は速度を落としたり，速度を落とさずに通過したりするため，流体による力は (8.7) よりも小さくなる．図 8.7(b) の場合の流体による力を F_2 とすると，(8.8) の関係となる．

$$F_1 \geq F_2 \tag{8.8}$$

したがって，F_2 を定量化するためには，抗力係数 C_d（≤ 1）を無次元量として，

$$F_\mathrm{D} = F_2 = \frac{1}{2}\rho C_\mathrm{d} A v^2 \tag{8.9}$$

と C_d 値で補正すればよいことがわかる．この A を**代表面積**または**投影面積**という．予め，C_d 値を実験的に求めておけば，(8.9) から走行時の走行方向の空気抵抗力（**抗力**）F_D を評価することができる．また，(8.9) から，抗力は速度の 2 乗に比例することがわかる．

---

5) 衝突した気体がその後どのようになったかについては，想像以上に複雑な問題をはらんでいるので問わないことにする．ここでは，衝突した気体は，静止し，どこかに静かに移動すると考えている．

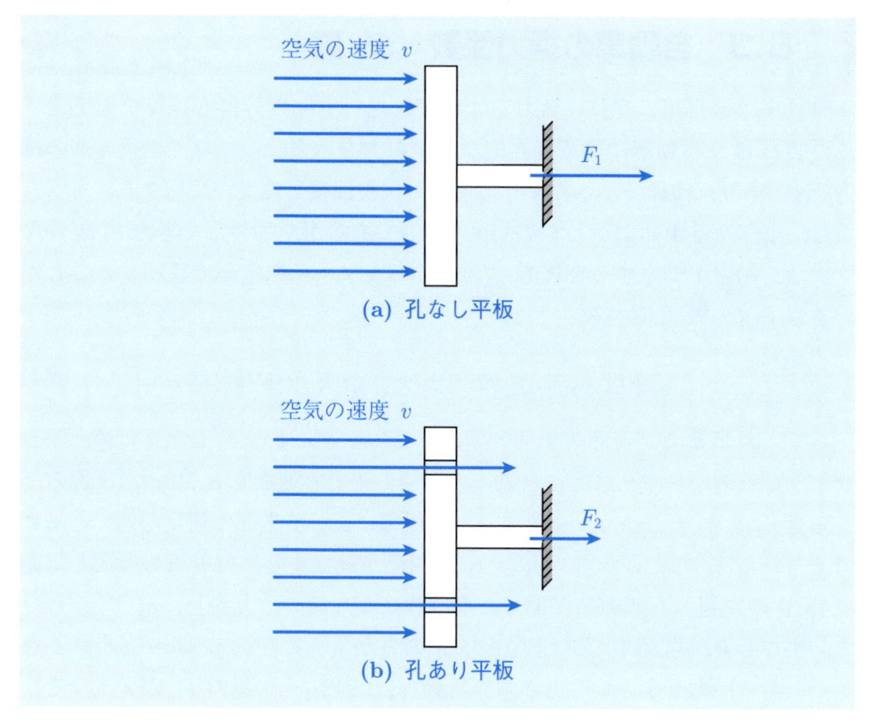

図 8.7　垂直な障害物に働く力

8.3　自動車の揚力係数（C_{L} 値）

自動車は走行時に空気の流れによって，走行方向以外にも様々な力を受ける．図 8.8 に自動車に働く代表的な二つの力を示す．一つは，走行方向の抗力 F_{D} であり，前節で述べたように前面の**代表面積**と速度が関係する．もう一つは，車体を浮かせようとする上向きの力であるが，この力を**揚力** F_{L} と呼んでいる．揚力が発生する要因も，(8.2) のベルヌーイの定理で説明することができる．(8.3) を再掲する．

$$p_1 + \frac{1}{2}\rho q_1^2 + \rho g z_1 = p_2 + \frac{1}{2}\rho q_2^2 + \rho g z_2 \tag{8.3}$$

さて，図 8.8 の自動車の上面と下面を流れる空気に (8.3) を当てはめ，圧力がどうなるのかを考えよう．自動車の上面の圧力と速度を p_1 と v_1，下面のそれらを p_2 と v_2 としよう．そうすると，**循環**によって上面の速度が速くなると考えられる[6]．したがって，$v_1 \geq v_2$ の関係が成立する．自動車の上面と下面で (8.3) の左辺と右辺の値が同じでなければならないことから，$p_1 \leq p_2$ となる．すなわち，自動車の上面の圧力 p_1 の方が下面の圧力 p_2 よりも小さくなる．上面の圧力が小さいことから，自動車には上方への揚力 F_{L} が発生することになる．この上面への揚力も，抗力に倣って，下式で定義されている．

$$F_{\mathrm{L}} = \frac{1}{2}\rho C_{\mathrm{L}} A v^2 \tag{8.10}$$

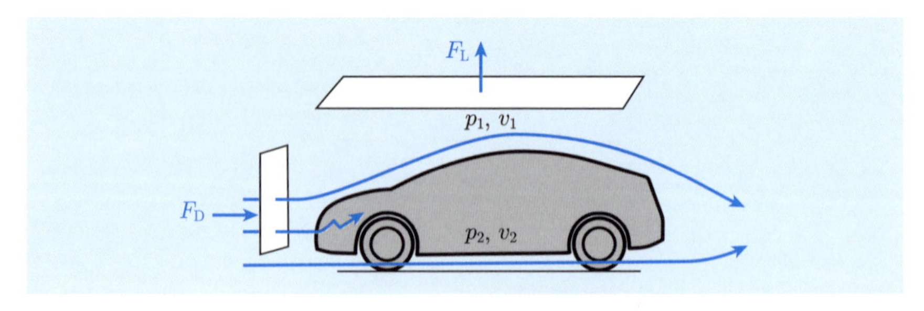

図 8.8　走行抵抗と垂直力

[6] この現象は，クッタ-ジューコフスキーの**定理**によって説明されるが，ここではこれ以上立ち入らない．

(8.10) での A は，揚力に対する代表面積であり，C_{L} は**揚力係数**である．揚力も抗力と同じように，速度の 2 乗に比例することになる．

8 章の問題

□**8.1** 1 m^3 の空気の質量を求めよ．簡単のために，空気は 80% の N_2 と 20% の O_2 から構成されているとする．

□**8.2** 自動車の寸法を，幅 1.7 m × 高さ 1.5 m（代表面積 $A = 2.6\,\mathrm{m}^2$），C_{d} 値を 0.3 とするとき，時速 60 km のときの空気による抗力を求めよ．

□**8.3** **流線**，**流跡線**，**流脈線**はどのような物理量かを調べよ．

第9章

衝突しない自動車にしよう
―制御工学―

最近の自動車は運転の自動化が進んでおり，自動車の速度を一定に維持したり，衝突を防止したりするための自動停止装置が装備されている．ここでの**自動停止装置**とは，前方に障害物がある場合，それを事前に検出し，衝突しないように自動的にブレーキを動作させ，衝突物の手前で停止させるものを指す．本章では，自動車の速度をこのように制御するため，大学で学ぶ「制御工学」や「システム制御」という科目の内容との関連も見てみる．

9.1　自動停止装置のシステム

自動停止を図9.1の具体例で考えてみよう．同図の最上段にあるように，自動停止は，まず自動車に搭載された**検出器**（センサ）[1]で前方の障害物を監視し，障害物までの距離を計測する必要がある．そして，前方に障害物が検出されたら障害物の手前で停止できるようにブレーキを動作させる．

この仕組みをより具体的に考えるため，自動車の現在位置を原点とし，進行方向に x 座標をとる．自動車が進行し，

- $x = x_0$ で障害物に衝突する可能性があると運転者に警告を発するとともに，やや減速する．
- $x = x_1$ で自動ブレーキを動作させる．その際，等加速度で減速すると仮定する[2]．
- $x = x_2$ で自動車を停止させるとする．なお，障害物の位置は $x = x_3$ とする．

速度 v と障害物との距離 d は，

① $0 \leq x \leq x_0$：v は一定，d は線形的に減少

② $x_0 \leq x \leq x_1$：v は直線的に減少，d は二次関数的に減少

③ $x_1 \leq x \leq x_2$：v は直線的に減少，d は二次関数的に減少

としよう．

このように自動車の車速を制御しようとすると，

(i) 障害物との距離を計測し，

(ii) 自動車が①～③のどの領域に進んだのかを判定し，

(iii) 領域に応じた適切なブレーキ操作を行う．

---

[1] ここでのセンサは1種類としている．実際には数種類のセンサを用いるが，多センサを用いる場合は例題9.1で説明する．

[2] 等加速度で減速するのが，自動車の搭乗者にとって快適な減速であるかどうかは，ここでは議論しない．人にとってこのことがどのように感じられるかについては，「**人間工学**」または「**感性工学**」という科目で学習するが，必ずしもすべての機械系の学科で開講されているとは限らない．

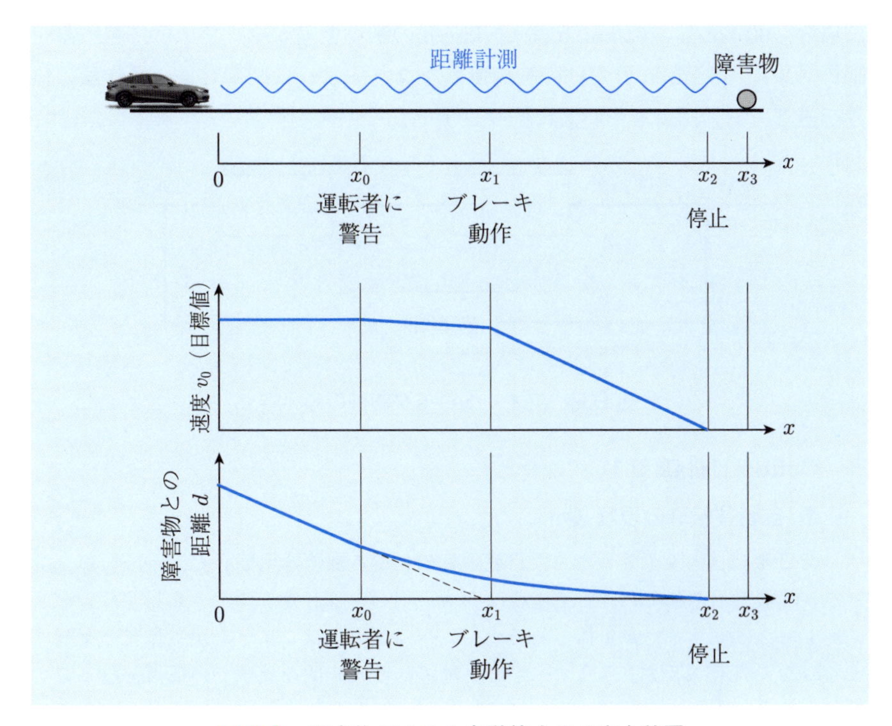

図 9.1　衝突物があると自動停止する安全装置

自動車は時々刻々位置が変化しているから，(i)〜(iii) の操作を，データを最新に書き換えつつ繰り返し行う必要がある．

図 9.1 に示したように自動車を停止させようとすると，自動車の速度 v が**目標値**となり，この目標値通りに自動車の速度を制御する必要がある．

図 9.2 にフィードバック（feedback）**制御**[3] と呼ばれる制御方式の**ブロック線図**を示す．フィードバック制御では，設定した目標値と検出器からの**検出量**との差（**制御偏差**）をなくすように**調整器**が**制御対象**を操作する．具体的には，速度の目標値が 60 km/h としたときに，検出器から 65 km/h が検出され

[3] feedback 制御は信号を戻して制御するという用語である．back の反対語は forward である．実際，feedforward 制御という制御方法もある．feedforward は将来このような状況になるので，予めこのような制御をしておこうという制御方法である．自動車でも，一部，サスペンション関係で feedforward 制御が使用されているが，ここでは詳細には立ち入らない．

た場合，60 km/h − 65 km/h = −5 km/h の制御偏差が生じている．調整器が制御対象に −5 km/h 分だけの制御偏差をなくすように制御対象に**操作量**の信号を送る．この制御を短時間に繰り返す．

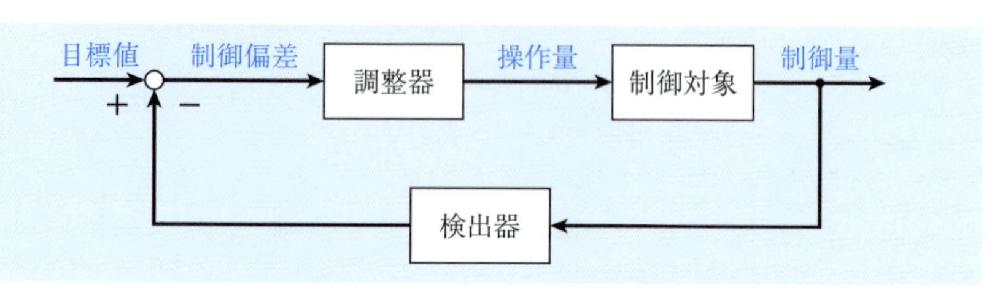

図 9.2　フィードバック制御の考え方

Coffee Break 9.1

● 自動運転車の現状 ●

表 9.1 に国土交通省が示した自動運転のレベル別の分類を示す．レベル 1〜5 の 5 段階で示されており，主体者は D がドライバ，S がシステムを指す．レベル 1 と 2 はドライバが主体であるが，レベル 3 以上はシステムが主体者となっている．例示に示すようにすべての自動運転が限定的な地域での運用となっている．現時点では，海外においてはレベル 1 からレベル 5 までの自動車が市販されているが，我が国ではレベル 1 と 2 の自動運転車の販売が多い．

表 9.1　自動運転のレベル（出典：国土交通省　自動運転戦略本部資料抜粋）

段階（主体者）	名称	例示
レベル 1（D）	運転支援	自動停止・前の車に追従
レベル 2（D）	自動運転機能	高速道路での自動追い越し等
レベル 3（S）	条件付き自動運転	高速道路等での自動運転モード
レベル 4（S）	完全自動運転	限定地域での無人自動運転
レベル 5（S）	完全自動運転	高速道路での完全無人運転

9.2 基本的な制御方法

これまでは，制御の流れを簡単に述べた．本節では，調整器での処理内容をもう少し具体的に考えてみよう．図 9.3 に制御の際の 3 種類の基本的な応答を示す．これらの三つの図は，横軸は時間 t，縦軸は自動車の速度 v としている．自動車はブレーキを操作して減速することにしたので，速度は図中の黒太線で示しているように直線的に減少するとしている．時刻 t での速度の目標値を $v_0(t)$ とし，センサで計測された速度を $v(t)$ としよう．すると，図 9.2 の制御偏差 $e(t)$ は，次式で示すように両者の差で示される．

$$e(t) = v_0(t) - v(t) \tag{9.1}$$

この $e(t)$ の値が 0 になるようにブレーキを制御すればよい．基本的には，目標値と設定値との差を (9.1) で算出し，差だけをブレーキ動作にフィードバックすればよいと思われる．しかし，差の電圧を制御対象に送ってもうまく制御

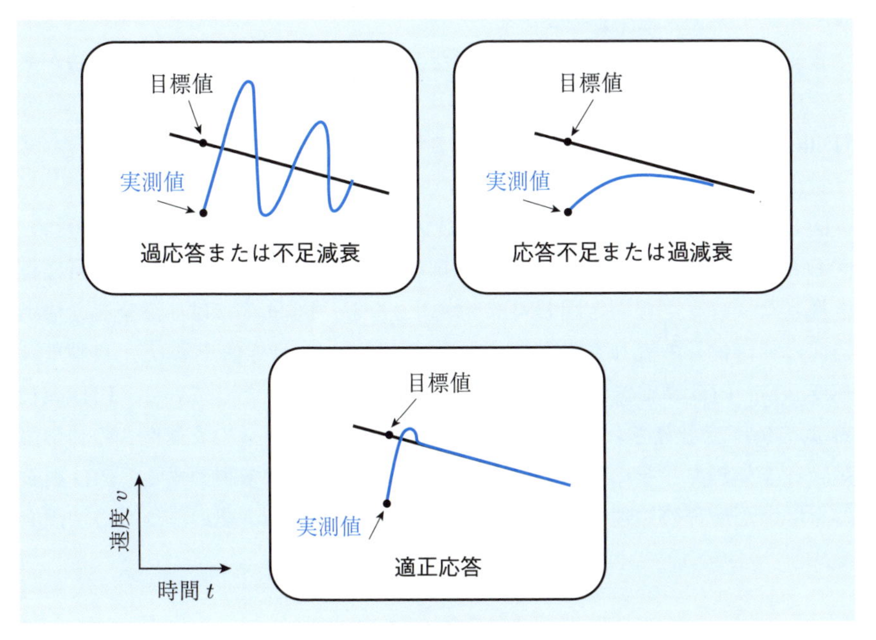

図 9.3　3 種類の制御での応答

できない場合がほとんどである．実際には，(9.1) で算出される電圧にいくらかの**ゲイン**と呼ばれる係数で補正した操作量を制御対象に送る必要がある．しかし，このゲインをどのように設定するのかが課題となる．

図 9.3 を再度見てみよう．ゲインがあまりにも大きいと，**過応答**（**不足減衰**ともいう）になる．過応答や不足減衰では，実測値が目標値よりも小さいとき，ブレーキを緩めるように制御するが，必要以上に緩めすぎて速度が目標値よりも大きく上回る．速度が目標値より上回りすぎたので，今度はブレーキを必要以上に強めにかけることになり，再度，速度が目標値よりも大幅に小さくなる．過応答ではこのような状況が繰り返され，目標値に達するのに時間がかかるか，最悪の場合にはいつまでたっても目標値に収束することがない．逆に，ゲインがあまりにも小さい**応答不足**（**過減衰**ともいう）では速度が目標値になかなか到達せずに，相当の時間の経過後に目標値に近づくか，または，目標値に達することがない．これら両者は良い制御方法とは思えない．**適正応答**にするには，目標値を少し上回った直後または上回らずに目標値と一致するようにゲインを設定する必要がある．

適正応答を実現するための代表的なゲインの設定方法に **PID 制御法**がある．PID の P は 比 例 (Proportional)，I は 積 分 (Integral)，D は 微 分 (Differential) を表す．PID 制御は，これらの 3 種類の制御方法を組み合わせて適正な制御を実現しようとするものである．

図 9.2 に示した自動車の速度制御のブロック線図をより具体的に示すため，図 9.2 での調整器を PID 調整器，制御対象をブレーキ，検出器を速度計に書き換えたブロック線図を図 9.4 に示す[4)]．なお，図 9.4 には，調整器や検出器間の制御信号の流れも記入してある．同図では，目標値を $v_0(t)$，自動車の速度 $v(t)$，PID 調整器からブレーキへの操作量を $m(t)$ としている．PID 調整器は，(9.1) で計算された目標値とする速度と速度計からの実速度との制御偏差 $e(t)$ を処理し，その結果に応じてブレーキの操作量を制御する．PID 調整器を用いた場合の処理方法には，図 9.5 に示すように下記の三つの方法がある．

4) この図の記号は，直観的なわかりやすさを優先して通常「制御工学」で使う記号とは異なっているので，注意して欲しい．

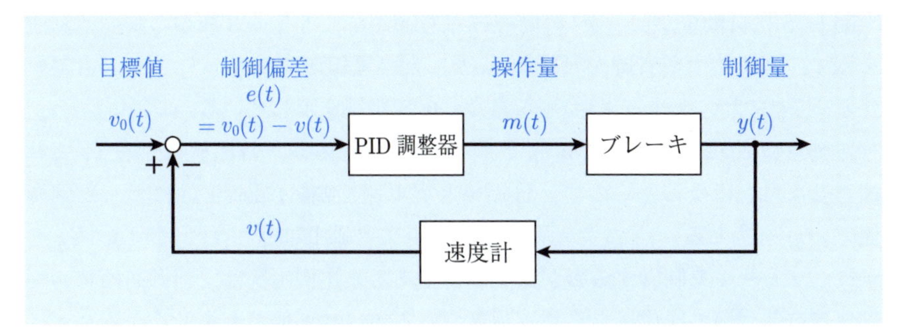

図 9.4　自動ブレーキの PID 制御の流れ

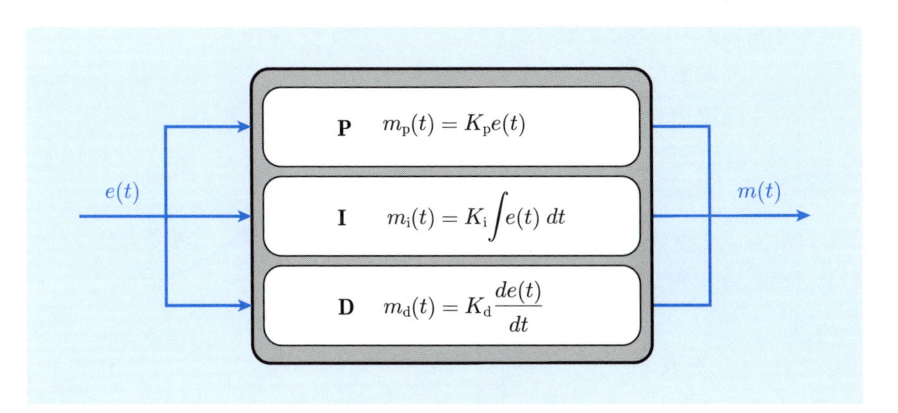

図 9.5　PID 演算の方法

それぞれの制御方法では下記の演算を行う．

$$\text{比例制御}\qquad m_\mathrm{p}(t) = K_\mathrm{p} e(t) \tag{9.2}$$

$$\text{積分制御}\qquad m_\mathrm{i}(t) = K_\mathrm{i} \int e(t)\,dt \tag{9.3}$$

$$\text{微分制御}\qquad m_\mathrm{d}(t) = K_\mathrm{d} \frac{de(t)}{dt} \tag{9.4}$$

上式で，K_p, K_i, K_d はそれぞれ，比例制御，積分制御，微分制御でのゲインである．これらの値に応じて操作量 $m(t)$ を制御する．比例制御，積分制御，微分制御はそれぞれに長所や限界があるので，それらの特徴を利用して，3 種類の制御法が協調して精度の高い制御を実現する．以下では，3 種類の個別の制御法の特徴を見てみよう．

図 9.6 に自動車が $x = x_1$ の周辺に差しかかったときの3種類の制御演算法を示す．図中の太い青線が目標値 $v_0(t)$，太い黒線が実車速 $v(t)$ とし，自動車が $x = x_1$ を太い青線の速度で通過した dt 時間後を示している．

自動車はこれまでの速度 $v(t)$ で x_1 点を通過するが，目標値は $x = x_1$ で減速させなければならないので，目標値と実車速との間には (9.1) に示した制御偏差 $e(t)$ を生じる．(9.2) に示したように，この制御偏差 $e(t)$ にゲイン K_p をかけたブレーキを制御するのが**比例制御**である．比例制御は，制御開始時の制御偏差に基づいて操作量を決める制御であるが，制御偏差が小さくなるとゲイン K_p をかけても操作量が小さくなり，図 9.3 に示したように応答不足になることがある．

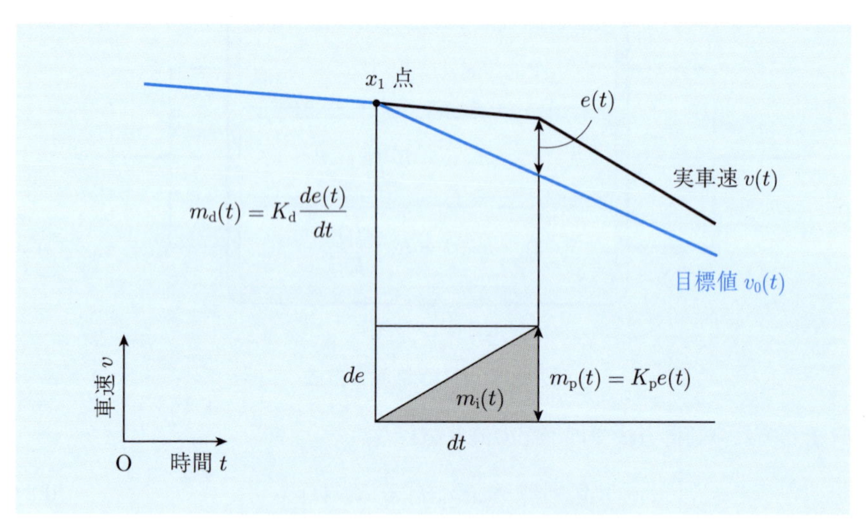

図 9.6　$x = x_1$ での PID 制御演算法

積分制御では，制御偏差 $e(t)$ を (9.3) に示すように積分し，積分制御でのゲイン K_i をかけた操作量 m_i でブレーキを操作する．図 9.6 との関連では，積分制御は同図での灰色で示した三角形 m_i の面積に積分制御でのゲイン K_i をかけたものである．積分制御は過去の制御偏差 $e(t)$ の積分値に基づいて操作量を決める制御であることから，過去の制御履歴に基づく制御である．積分制御では，比例制御で生じたような応答不足を解消することができる．

図 9.6 に示すように，dt 時間に制御偏差が de だけ増加したとすると，$\frac{de}{dt}$

に微分制御でのゲイン K_d をかけた (9.4) で算出される m_d を操作量とする制御方法が**微分制御**である．図 9.6 に示すように，目標値が急激に時間変化するような場合には，比例制御や積分制御では制御に遅れを生じる，つまり制御速度が目標値の変化に追いつかないことがある．急激な目標値の変化に俊敏に追従するためには，微分制御が必要となる．しかし，あまりにも微分制御を強くすると，図 9.3 に示したように過応答となる．

実際には，図 9.5 に示したように PID の三つのゲイン，K_p, K_i, K_d を適切な値に設定し，それぞれの操作量 m_p, m_i, m_d を合算した値でブレーキを操作してフィードバック制御を行う．

制御演算には，PID 制御以外にも AI を利用したもの等の多くの制御方法があり，近年，技術進展の速度が速い分野の一つである．自動運転等はその最先端の技術分野であるといえる．

例題 9.1

PID 制御では，PID 制御器に一つの入力信号，出力にも一つのブレーキ操作であった．複数入力および複数出力での制御方法には，どのような手法が採られるのかを調べてみよ．

【解答】 自動停止装置のシステム構成について，少し考えてみよう．図 9.7 に自動停止装置のシステム構成の模式図を示す．通常は，距離センサとしてカメラやレーザ距離計が使用される．1 種類のセンサではなく，2 種類のセンサを使用しているのは，2 種類の距離計を用いて，より精度の高い距離を測定するためである．また，万一，片方のセンサに何らかの不具合が起きても，もう一つのセンサで補償することができる．2 種類の距離測定を行うことは，図 9.2 との関連では，調整器に入力する信号が二つあることになる．さらに，制御装置には，目標値である速度も入力する必要がある．制御装置ではこれら二つの距離センサと速度計からの入力に基づいてどの程度のブレーキ操作をすればよいのかを演算し，ブレーキに操作信号を出す．短い時間内に何回もフィードバック操作を繰り返すことによって，自動車を障害物の手前で停止することができる．

あまりに速度が遅くなるとアクセルも操作する必要があるだろう．制御装置

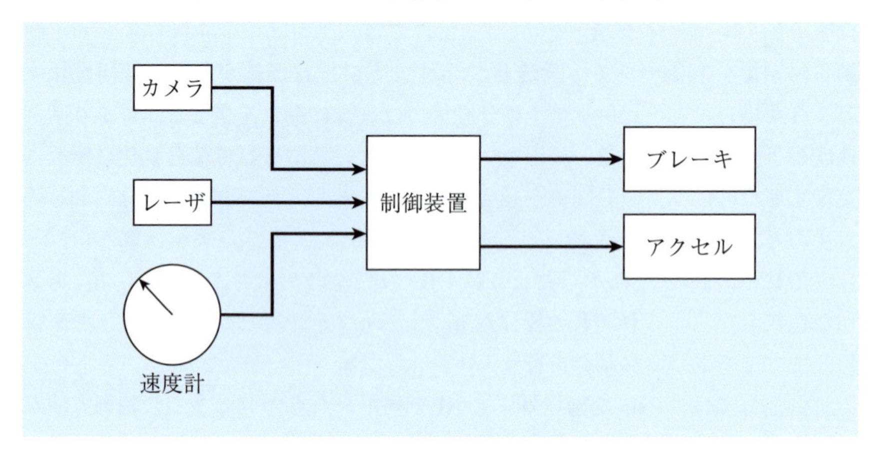

図 9.7　自動停止装置の制御流れ

に多入力や多操作信号を出力する場合には，PID 制御は使用できず，制御装置に適切な評価関数を設定し，評価関数が最適になるように制御する必要がある．なお，本章で述べた単一入力と単一出力の PID 制御を**古典制御理論**，多入力と多出力に対応できるような安定性の高い制御を**現代制御理論**という．■

9.3　アナログ制御とデジタル制御

制御方法のハードウェアによる分類では，アナログ制御とデジタル制御がある．図 9.8(a) の**アナログ制御**とは，制御する電気信号を電圧として取り扱う方法である．自動車の速度を滑らかな電気信号として，アナログ制御装置に入力する．アナログ制御装置は，オペアンプ[5] で構成されるアナログ電子回路で演算を行い，ブレーキを制御する．一方，図 9.8(b) では，センサやブレーキの操作をアナログ電気信号で制御するが，制御回路のみがデジタル回路の場

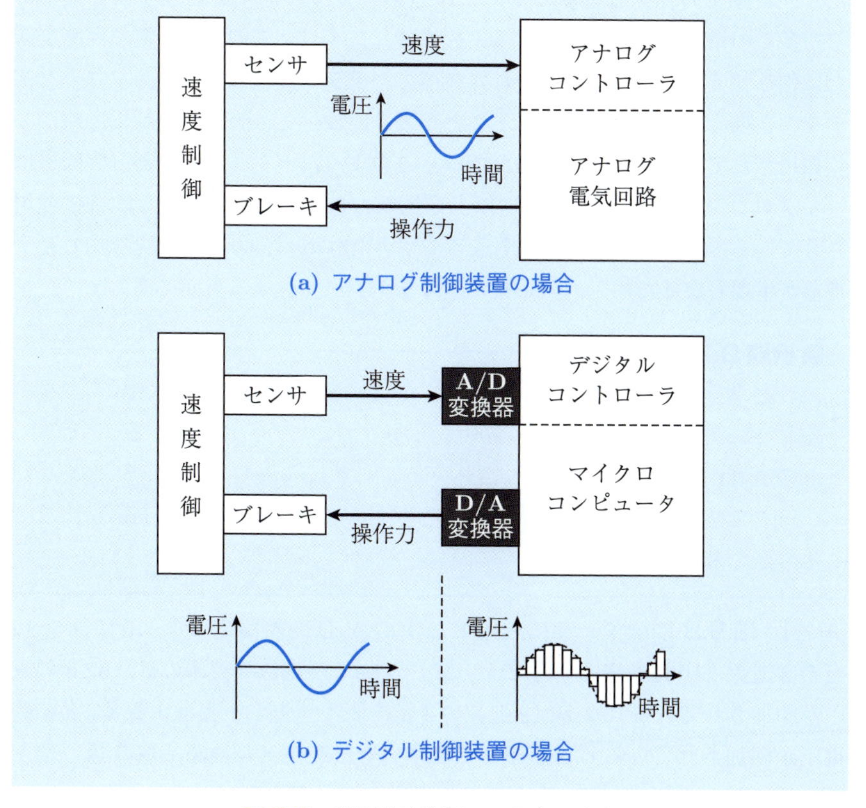

(a) アナログ制御装置の場合

(b) デジタル制御装置の場合

図 9.8　制御演算装置への入力と出力

[5] operational amplifier というアナログの電子回路モジュールであり，これを組み合わせることで，電圧間での加減乗除の演算ができる．

合を示している．したがって，アナログ信号とデジタル信号間の相互変換を行う必要がある．アナログ信号をデジタル信号に変換する電子部品を **A/D 変換器**（Analog Digital converter）といい，デジタル信号をアナログ信号に変換する電子部品を **D/A 変換器**（Digital Analog converter）という．この図に示した構成では，アナログ信号を A/D 変換器でデジタル信号に変換し，そのデジタル信号をマイクロコンピュータで制御演算後，再度デジタルの制御信号を D/A 変換器を介してブレーキを操作する．

ここでは，速度のみを制御器に取り込み，演算して制御をする方法を解説したが，自動車の安全な運転のためにはさらに多くの情報を処理する必要がある．多くの情報を処理や改良するためには，アナログ制御器では電子回路を新たに作り替える必要がある．それに較べて，**デジタル制御**器では，ソフトウェアを書き換えるだけで対応できることが多く，最近ではデジタル制御回路が多く採用されている．最新の自動車では，このようなデジタル制御器（実際にはマイクロコンピュータ）が 50 個以上も搭載され，自動車の様々な制御に使用されている．なお，計測器の信号をデジタル化すれば，A/D 変換器や D/A 変換器が不要となるため，計測系統の信号をデジタル化する方向にある．

例題 9.2

自動車の速度を，0 km/h のときに 0 V，150 km/h のときに 10 V となるようにアナログ信号で対応させるとする．このアナログ信号を 12 ビットの A/D または D/A 変換器でコンピュータに入出力するとき，コンピュータで検出や制御できる最小の速度（速度の分解能）は何 km/h になるのかを求めてみよ．

【解答】 図 9.9 に示すように，12 ビットの A/D 変換器では 0〜10 V 間を 12 桁の 2 進数（10 進数で 0 から $2^{12}-1$）で表す．2 進数で表すのは，high の電圧が印加されているビット（2 進数の 1 桁を表す）を 1 と表示すると，low の電圧が印加されているビットを 0 と表示でき，デジタル回路で取り扱いやすいからである．$2^{12}-1$ の -1 は，0 を考慮しているからである（たとえば，0〜5 を表示するためには，6 個の数字が必要となる）．電圧表示では，$2^{12}-1=4095$ で 10 V を割り，$\frac{10\ \mathrm{V}}{4095}=2.442\times10^{-3}$ V が検出分解能となる．速度表示

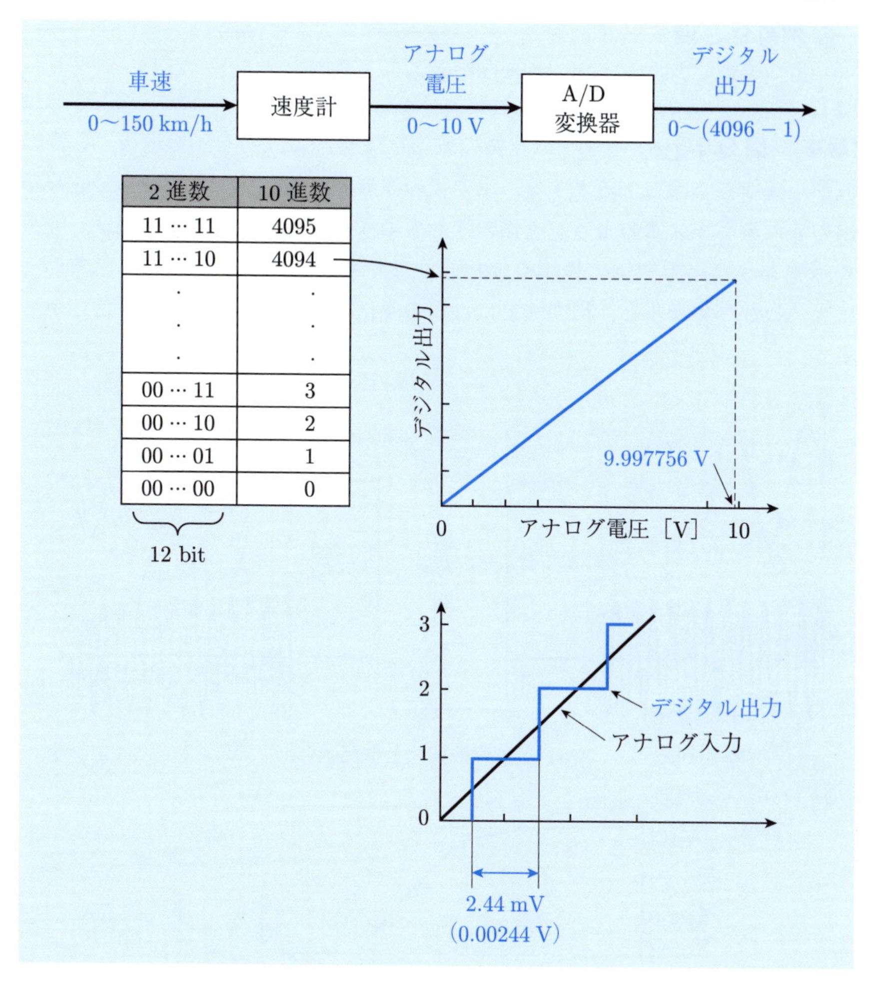

図 9.9　A/D 変換器の分解能の考え方

では，$\frac{150\ \mathrm{km/h}}{4095} = 0.0366\ \mathrm{km/h}$ が検出分解能となる．なお，実際の A/D 変換器では下位 2 ビットにノイズが乗ることが多いので，$0.0366\ \mathrm{km/h} \times 2^2 = 0.147\ \mathrm{km/h}$ 程度が実際の検出限界である．

図 9.9 には，2 進数と 10 進数との対応を示すとともに，10 進数で 4094 が 9.997756 V に対応することを示した．■

■ 例題 9.3 ■

ボード線図とはどのような線図であるのかを調べてみよ．

【解答】　図 9.10(a) のように左側の波形を調整器に入力し，処理後，右側の波形を操作器へ出力するとする．出力後の波形では，実線が入力波形で破線が出力波形を示す．このとき，上側の波形のように周波数が低い場合には，破線で示すように出力振幅の振幅や位相遅れはわずかであるが，下の波形のように周波数が高くなると，出力波形に振幅の変化や位相の遅れが生じることがある．

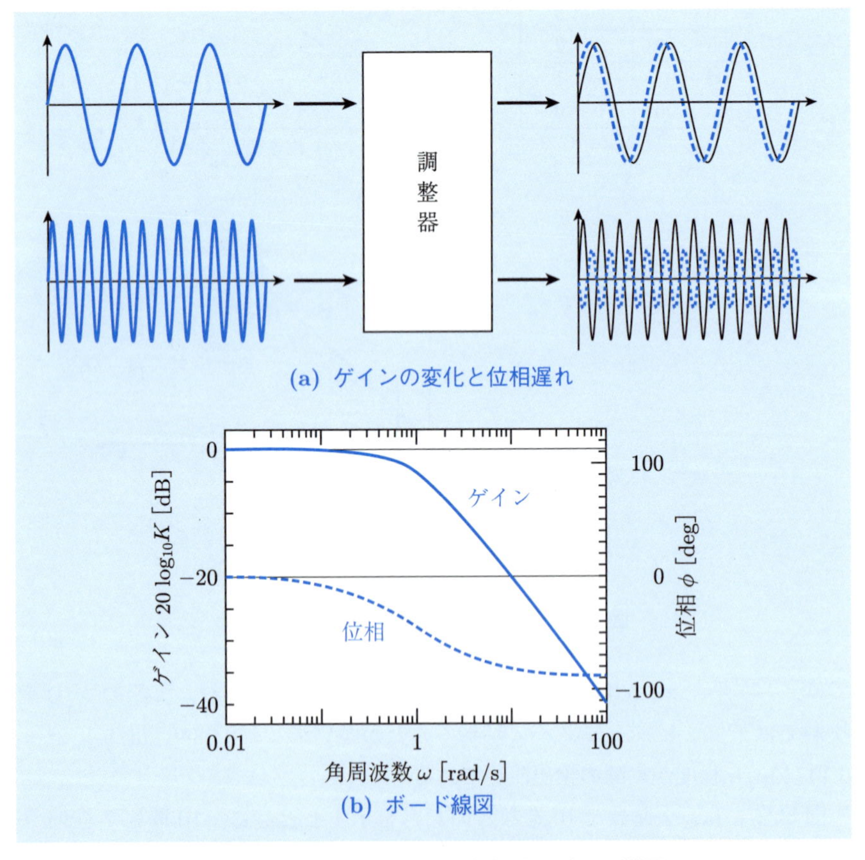

図 9.10　ゲインの変化・位相遅れボード線図

図 9.10(b) のように横軸に角周波数（対数表示），縦軸にゲイン（振幅）と位相遅れを一括して表示した図を**ボード線図**という[6]．ゲインについてはdB（デシベル）表示となっており，ここでのdBは，$20\log_{10}K$ という対数表示である．この図の例では，角周波数が 0.1 rad/s 程度までは大きなゲインの減少や角周波数に遅れはないが，0.1 rad/s 以上では両者は大きく変化する．周波数の増加に伴って，調整器や制御系全体の角周波数特性を一括して読み取ることができるので，多く使用される線図である．■

9章の問題

□**9.1**　PID 制御の P, I, D のそれぞれの制御特性の長所と限界について調べよ．

□**9.2**　最近では，スイッチの on/off だけで窓ガラスが上下するパワーウィンドウが搭載されている自動車が多い．スイッチが on/off された以降のウィンドウガラスを上下させるときの制御のフロー図を書いてみよ．なお，同ガラスと窓との間に何かが挟まった場合には，ガラスの上下動作を止める安全機構を組み入れるとする．

□**9.3**　自動車には種々の電気モータが使われている．電気モータには，どのような種類があるのかを調べよ．

---

[6] 正確には一次遅れ系のボード線図であるが，詳しくは「制御工学」等の科目で学習する．

第10章

造った自動車，売れますか？

自動車を造っても，造った自動車が売れなければ自動車会社として存続が難しくなる．また，努力して造った自動車が売れないとエンジニアとしても報われないだろう．本章では，自動車を販売するための完成検査や自動車を造るための経費の積算，より多く販売するために考慮しないといけない事柄について，簡潔に述べる．

10.1 完成車の検査

これまでの章で，どのようにして自動車を造るのか，について機械工学系の学科に設置されている科目との関連で述べてきた．自動車が製作された後，設計通りに仕上がっているか，種々の検査で確認する必要がある．主要な検査の流れを図 10.1 に示す．まず，車体の外形形状や寸法が設計通りかの検査，すなわち，外装検査の必要がある．その後，車体内部のシート，メータ類等の内部の検査である内装検査も必要である．自動車の内外装の検査後，加速性能，燃費，最高速度等が目標値通りに達成できるのかを検査する必要がある．また，自動車は寒冷地から熱帯地域でも使用されることから，両環境下で問題なく使用できるのかの検査も必要である．図 10.2 は，風洞での自動車周りの空気の流れを計測・検査している状況を示している．第 8 章で述べた C_d 値も，風洞試験で実験的に求めることができる．

自動車は 10〜20 年間にもわたって使用されることから，耐久性の確認試験も必要である．実際に耐久試験を上記の年数にわたって実施することは現実的でないため，過去の経験則に基づく耐久性能の見通しや，試験期間を短くするために，加速試験が実施されることが多い．**加速試験**とは，負荷される荷重や環境を実際の走行時よりも厳しめに設定し，試験結果を実際よりも短期間で得ようとする試験である．

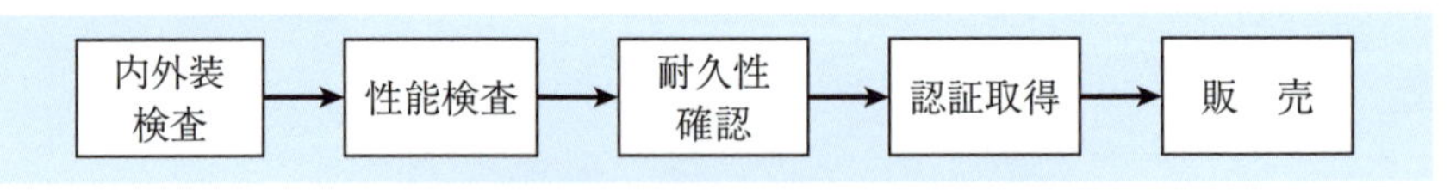

図 10.1　自動車の完成後の検査から販売までの流れ

図 10.2　自動車の風洞試験

10.2　型式認定と製造物責任法

前述したような検査と耐久性の確認後，自動車をすぐに販売できるわけではない．それぞれの国で自動車の**型式認定**を政府機関等の認証機関から取得する必要がある．型式認定では，販売しようとしている車が安全基準や環境基準等を満たしているかどうかを，認証機関が設計，製造等の過程や実際の車を検査して，認証する．この認証を受けないと，自動車を当該国で販売することはできない．

認証機関から認証を受けたからといって，製造した自動車に対するすべての責任が回避されるものではない．**製造物責任法**（略称 PL 法；Product Liability 法）という法律があり，この法律では，「製造物の欠陥が原因で生命，身体又は財産に損害を被った場合に，被害者が製造業者等に対して損害賠償を求めることができること」を規定している（消費者庁の「製造物責任法の概要 Q & A」のページから引用）．したがって，製造した自動車に後日，欠陥等が見つかれば賠償を求められる可能性もあるので，製造時に国際的に既知の最新の科学と技術の知見を総動員して，欠陥の無い自動車となるよう努力しなければならない．

10.3 自動車の販売価格を決めよう

自動車を販売するためには自動車の販売価格を決める必要がある．販売価格の決め方を考えてみよう[1]．図 10.3 に自動車の製作から販売に至るまでの大まかな経費を示す．大きくは，自動車の製作に必要な**直接経費**と，自動車製作には直接は関係しないが，企業で自動車を製造する際に必須な**間接経費**とに分けて示してある．

直接経費						間接経費			販売費	利益
設計費	材料費	加工費	部品費	設備費	人件費	人件費	施設費	研究開発費		

図 10.3 自動車の販売価格の積算法

直接経費での，設計費，材料費，加工費，部品費は本書の各章で述べてきた製作過程の経費なので，各章で学習した項目を達成するために必要な経費であると理解できるかと思う．たとえば，部品費とはボルトやナット等の部品を購入する費用である．設備費は部品を加工するための工作機械等を購入および使用・維持するための費用である．人件費は，上述の直接経費にあげた作業に関わった技術者の経費である．

自動車製造には直接経費に記載した費用以外にも，間接経費と呼ばれる費用も必要である．企業で自動車を製作するためには，自動車の製作に直接必要な費用のみではなく，経営や総務部門等の会社の経営や管理のための間接経費も必要である．間接部門を収容するための本社の施設費も必要であろう．これらのことから，間接部門での人件費や施設費を自動車の製作費に含める必要がある．また，現時点での技術レベルでの自動車製造だけでは，企業の発展は見込

[1] ここでの販売価格の決め方は，価格構造のわかりやすさを優先した書き方であり，法規等に準じた計算法でないことに注意して欲しい．

めない．将来のより進化した自動車を製造するための研究・開発への先行投資的な費用も必要であろう．研究開発費も自動車の販売価格に含めないと，新たな技術開発ができなくなる．

自動車は，自動車会社が直接消費者に販売するのではなく，販売店（ディーラーと呼ばれる）を通じて販売することが多い．また，自動車の販売のための宣伝費用も必要であろう．これら二つの経費をここでは販売費として，製作費に含めた．さらに，自動車を販売して利益を上げることも，企業を存続・発展させるために必要であるので，最後に利益を書き入れた．製造業では，10%程度の利益を出すことができれば，優良企業と言われている．

図 10.3 に述べた費用は自動車 1 台当たりの経費とは限らない．多くの車種の自動車は年間に何万台レベルで大量生産されるのが通例であろう．したがって，図 10.3 の費用は生産台数で除することが適切な積算である費目もある．このことから，自動車の大量生産が原価を下げる大きな効果があることも理解できる．ただし，1 台だけ自動車を製作するのに較べて，大量生産する技術レベルの方が遥かに難しい．自動車を 1 台だけ製作しようとすると，おそらく数十億円レベルの製造経費が必要であることは容易に想像できる．このような高価格の自動車を購入できる人はまれであるので，利益もほとんど見込めない．

10.4 市場調査

売れる自動車を造るためには，造ろうとしている自動車が市場で多く販売できるかどうかを予め調査しておく必要がある．このような調査のことを**市場調査**（market research）という．市場調査には，大きく分けて二つの方法がある．

一つは，市場での要望（ニーズ）をまず調査し，この市場の要望に沿うような自動車を開発する方法である．この方法では，市場のニーズを予め調査しているので，製造した自動車のある程度の販売数を見込むことができる．販売目標は達成できる可能性が高いが，想定以上の大きな販売数を上げる可能性は低い．もう一つの市場調査は，これまでに存在していないような新たなコンセプトの自動車を開発し，新たな自動車の市場を開拓しようとする，積極的な調査方法である．もし，このような市場開拓に成功すれば，大きな販売数を見込める．反面，この方法はリスクが高い方法でもある．

上述のような，自動車の販売戦略に関わることを学習できる大学院も各大学に設置されている．それは，**MBA**（Master of Business Administration，日本語では**経営学修士**）や**MOT**（Master of Management of Technology，**技術経営学修士**）である．MBAとMOTの違いは，MBAは経営戦略に重点を置いているが，MOTは経営戦略よりも技術戦略に重点があり，技術成果を経営戦略によって如何にビジネス化するかに重点を置いている．MBAもMOTも，機械工学系の科目とは整合性が良く，学部卒業後，または何年か企業経験を経た上でこれらの大学院で学び直すのも良いかもしれない．

経済的および時間的な条件が許すのであれば，機械系やそれ以外の工学系大学院への進学も検討に値する進路である．現代の科学・技術は高度な水準に達しており，また発展速度も速い．このような科学・技術の発展を最先端で担うためには，大学院での学びが必要であることも多い．というのも，学部4年間で学ぶ学問体系は，本書で述べたような各専門分野での基礎的事項であり（それはそれで，重要な学びであるが），学んだ基礎的事項をどのように実際の研究や技術開発に適用するのか，を学ぶ時間的余裕がないのが現状である．この適用の学びは大学院で学ぶことができる．さらに，学部での専門以外の大学院への進学も検討する価値がある．現代の科学・技術は，異なる学問体系の交流や融合が新たな学問や技術分野の創造の源泉になることも多く，異なる複数の学問体系を学部と大学院で学ぶことは，将来への新たな創造性と繋がる可能性となる．

大学院は，修士課程（または博士前期課程）の2年間，その後の博士課程（または博士後期課程）の3年間で構成されている．将来の科学・技術の発展のため，また，海外の技術者や研究者の多くが博士の学位を有していることから，上記の条件が許せば博士課程で学ぶことも，大学卒業後の将来を見通した一つの選択肢として検討する価値はある．

おわりに

「大学で学ぶ学問」と「実社会でのものづくり」との間を「自動車という工業製品」を例としてつなぐ立場から本書を書いた．大学で学ぶ学問は多岐に渡っており，また，自動車も機械工学の技術だけで造られているわけでもないので，両者の関係を全面的に示すことなどは，もちろん，不可能である．単に細い糸で両者の関連性を例示として結んでみただけである．しかし，「はじめに」でも述べたように大学の各講義は第１回目から各科目の内容に入ってしまうことが多いので，その科目で学習する内容が実社会でどのように役立つのかを学生が知ることは難しい．本書が少しでもその難しさを和らげるのに役立ったのであれば，本書の目的はある程度は達せられたのではないかと思う．

上述した本書の目的を著者一人で達成することは，もとより困難であった．したがって，本書の執筆時に多くの方々にご協力いただいた．立命館大学理工学部の鳥山寿之先生，永井 清先生，近畿大学工学部の亀田孝嗣先生，（株）神戸工業試験場 中塚博秀氏からは専門的な立場から多くの助言をいただいた．また，本田技研工業（株）からは，自動車製造に関わる立場から多くの助言および写真や図の提供をいただいた．これらのご協力に対して深く謝意を表したい．

最後に，機械工学テキストライブラリのともに編者である元 滋賀県立大学の松下泰雄先生および数理工学社編集部の田島伸彦氏には，本書の執筆をお勧めいただき，また，執筆中に励ましやご援助をいただいた．立命館大学理工学部機械工学科秘書の谷口友絵氏には，原稿のワープロ入力や原稿全体に目を通していただき，誤記等をご指摘いただいた．これらの方々に深い謝意を表したい．

本書は，当初，元 立命館大学理工学部の上野 明先生が執筆される予定であった．しかし，上野先生は執筆前に急逝され，著者が代役として書き上げたものである．上野先生に納得いただけるだけの出来になったかどうかは心許ないが，本書の完成をご報告するとともに，ご冥福をお祈りしたい．

問 題 略 解

2章

2.1　図 **A.1** に示すように，ピッチングは二つの後輪が盛り上がりに乗り上げたときに生じる．ローリングは前後の片側の二つの車輪が盛り上がりに乗り上げると生じる．ヨーイングはハンドルを切り，自動車が回転運動中に生じる運動形態である．

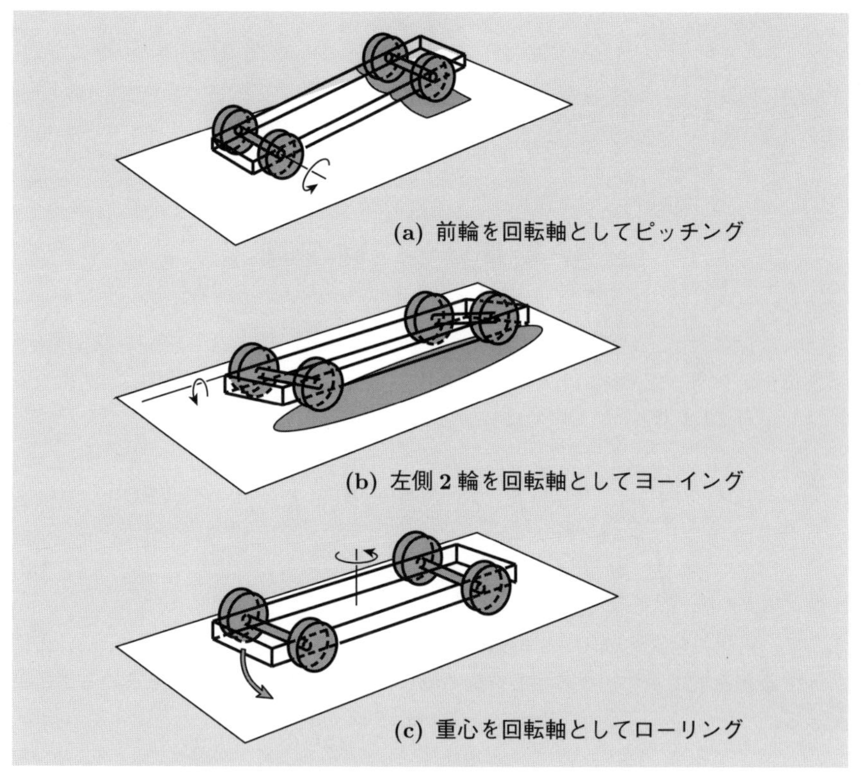

図 A.1　ピッチング，ヨーイング，ローリングの例

2.2　図 **2.8** に示した微小部分の質量を dm とする．図 **A.2** に示すように dm 部分の面積は $r\,d\theta dr$ となるので，厚さ 1 と密度 ρ をかけることによって，この部分の質量は下式で得られる．

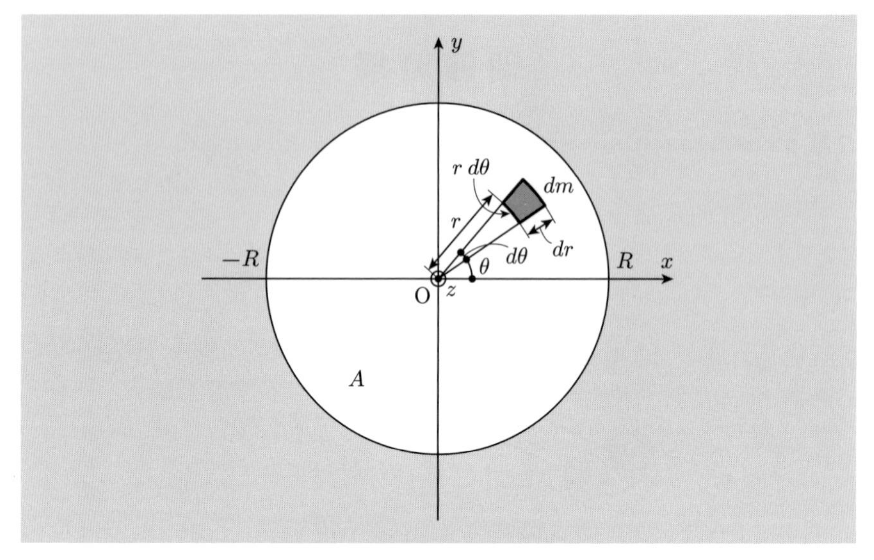

図 A.2 慣性モーメントの説明図

$$dm = r\,d\theta dr\,\rho \tag{A.1}$$

慣性モーメントの定義 (2.12) に (A.1) を代入して積分する．積分範囲は，θ については 0 から 2π まで，r については 0 から R とすると，

$$\begin{aligned} I_z &= \iint_A r^2\,dm = \int_0^R \int_0^{2\pi} r^2 r\rho\,d\theta dr = \int_0^R \int_0^{2\pi} \rho r^3 d\theta dr \\ &= \int_0^R 2\pi\rho r^3 dr = 2\pi\rho \left[\frac{r^4}{4} \right]_0^R = \frac{\pi\rho R^4}{2} \end{aligned} \tag{A.2}$$

ここで，円板の全質量 m は $m = \pi R^2 \rho$ であるから，この式から ρ を求め，(A.2) に代入すると次式で示す円板の中心を通る軸に関する慣性モーメントを求めることができる．

$$I_z = \frac{1}{2} mR^2 \tag{A.3}$$

■**2.3** 自動車や自転車では，走行中にまっすぐ進むように，キャスター角が設定されている．**キャスター角**とは，**図 A.3** に示すように，車輪を保持する軸を進行方向からある角度（この図では θ）傾けてある角度をいう．キャスター角の付いた車輪が直進する要因を考察するために，(2.10) で学習したモーメントをベクトルの外積を

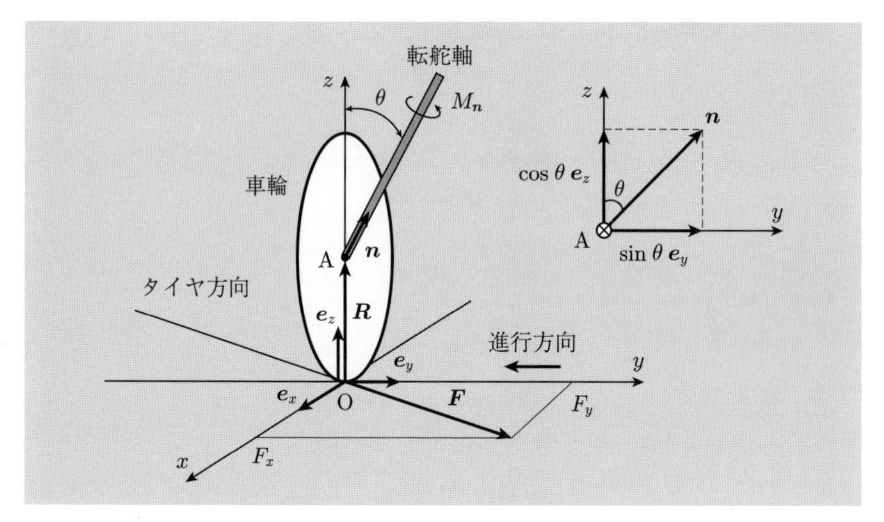

図 A.3　キャスター角を持つ車輪にかかるモーメント

用いて定量的に求めてみよう．

図 A.3 は，これまで y 軸上を直進してきたキャスター角 θ を有する**転舵軸**（てんだじく）で支持された軽い車輪が，座標原点 O で小さな角度で右にハンドルを切った時点を示す．このとき，車輪に負荷される力をベクトル $\boldsymbol{F}(F_x, F_y, 0)$，車輪軸から転舵軸方向への単位ベクトルを $\boldsymbol{n}$，車輪の半径ベクトルを $\boldsymbol{R}$，座標系の基本単位ベクトルを $(\boldsymbol{e}_x, \boldsymbol{e}_y, \boldsymbol{e}_z)$ とする．車輪軸 A に関するモーメント $\boldsymbol{M}$ は，(2.10) から，$i = 1$ として，

$$\boldsymbol{M} = \boldsymbol{R} \times \boldsymbol{F} \tag{A.4}$$

となる．ベクトル $\boldsymbol{R}$ と $\boldsymbol{F}$ を基本単位ベクトルを用いて成分表示すると，

$$\begin{aligned} \boldsymbol{R} &= R_z \boldsymbol{e}_z, & R_x &= R_y = 0 \\ \boldsymbol{F} &= F_x \boldsymbol{e}_x + F_y \boldsymbol{e}_y, & F_z &= 0 \end{aligned} \tag{A.5}$$

となる．(A.4) の成分表示に (A.5) の 0 でない成分を代入すると，下式を得る．

$$\begin{aligned} \boldsymbol{M} &= (R_y F_z - R_z F_y)\boldsymbol{e}_x + (R_z F_x - R_x F_z)\boldsymbol{e}_y + (R_x F_y - R_y F_x)\boldsymbol{e}_z \\ &= -R_z F_y \boldsymbol{e}_x + R_z F_x \boldsymbol{e}_y \end{aligned} \tag{A.6}$$

転舵軸方向の単位ベクトルは，ハンドルを切った角度が小さいことから，近似的に

$$\boldsymbol{n} = \sin\theta\, \boldsymbol{e}_y + \cos\theta\, \boldsymbol{e}_z \tag{A.7}$$

で表される．転舵軸方向を回転させようとするモーメントの大きさは，A 点に関するモーメント $\boldsymbol{M}$ と転舵軸方向の単位ベクトル $\boldsymbol{n}$ との内積，すなわち，(A.6) と (A.7) の内積をとると，

$$
\begin{aligned}
M_{\boldsymbol{n}} = \boldsymbol{M}\cdot\boldsymbol{n} &= (-R_z F_y \boldsymbol{e}_x + R_z F_x \boldsymbol{e}_y)\cdot(\sin\theta\,\boldsymbol{e}_y + \cos\theta\,\boldsymbol{e}_z) \\
&= R_z F_x \sin\theta\,\boldsymbol{e}_y\cdot\boldsymbol{e}_y \\
&= R_z F_x \sin\theta \qquad \text{(A.8)}
\end{aligned}
$$

となる．(A.8) から，転舵軸方向を回転させるモーメントは，キャスター角の正弦 $\sin\theta$，車輪の高さ R_z および車輪に負荷される力の x 方向の分力 F_x に比例することがわかる．

(A.8) はモーメントの大きさを表示するのみで，回転方向がわからない．回転方向を知るために，(A.6) の右辺の二つの単位ベクトルの方向を示した**図 A.4** から考えてみよう．この図は，車輪を上から見た（xy 平面での）図である．図に示すように $-R_z F_y \boldsymbol{e}_x$ は x 軸の負の方向へのベクトルであり，$R_z F_x \boldsymbol{e}_y$ は y 軸の正の方向へのベクトルである．これら二つのベクトルは車輪を元の進行方向である y 軸に戻すように働くことがわかる．

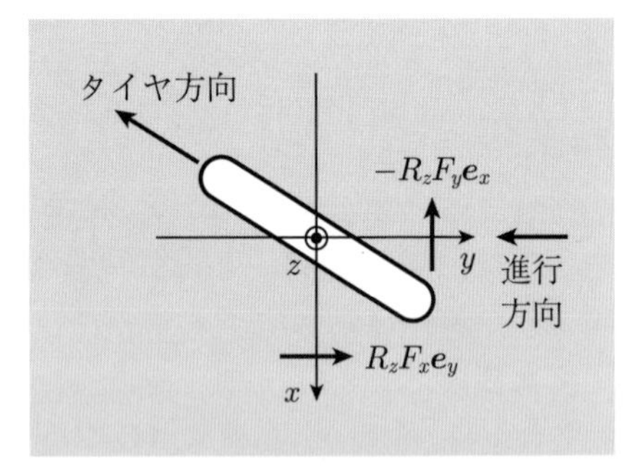

図 A.4　車輪の回転方向

3章

3.1　ボルトやナットは JIS では「ネジ」に含まれ，種々の規格が定められている．代表的なものに「**メートルネジ**」があり，M10 等の記号で表す．10 はボルトでは外径，ナットでは最大内径が 10 mm であることを表す．M10 のボルトやナットには，**並目**と**細目**があり，ネジの目の粗さが異なる．通常のネジは，ネジ山が三角形をしているが，台形のネジもある．JIS B 0123（2019）に種々のネジの種類が掲載されている．

3.2　二つの歯車をうまく動作させるためには，歯の形（歯の形状）と**モジュール**を合わせる必要がある．モジュール（m）は下式で算出する．

$$
m = \frac{\text{歯車の基準円直径}\ (d\,[\mathrm{mm}])}{\text{歯数}}
$$

ここで**歯車**の基準円直径（d）とは**図 A.5** に示すように，歯車の中心から歯同士が

当たる位置までの長さを半径とする円の直径を指す．歯数は文字通り，歯車の歯の数である．

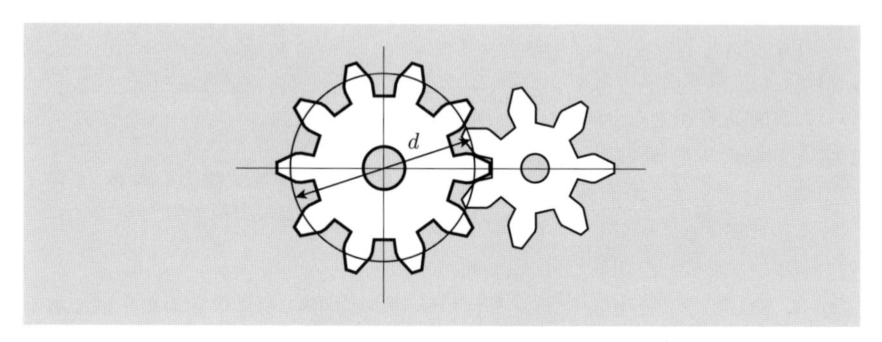

図 A.5　歯車の基準円直径

■**3.3**　穴の個数と加工精度に大きく依存するが，ボルトが一つの場合には，M10 のボルトの外形が 10 mm であり，0.5 mm の裕度（安全側を見越して与える余裕の程度）を加えて，直径が 10.5 mm 程度あれば充分であると思われる．ボルトの数が 4 個以上になると，11.0 mm 程度にした方がすべてのボルトが入りやすい．ただし，このことはボルトの締結部に必要な締結精度に大きく依存する．

4章

■**4.1**　機械工学の分野では三大事故として，①**コメット機**連続墜落事故（1952 年〜1953 年），②**リバティ船**沈没（1946 年），③**タコマ橋**落橋（1940 年）があげられることが多い．いずれも，50 年以上も前の事故であるが，安全に機械構造物を製作する上で大きな教訓とすべき事例である．

①のコメット機墜落事故は，応力集中部からのき裂によって初期のジェット旅客機が空中分解した事故である．②のリバティ船沈没は，船体の溶接部の欠陥から**脆性破壊**（ぜいせい）した事故である．③のタコマ橋落橋は，風による橋の**共振現象**でつり橋が落橋した事故である．①は疲労破壊の研究によって，②は脆性破壊の研究によって，③は振動の研究によって，これらの類の事故はその後はほとんど起こらなくなった．しかし，最近でも，高速増殖炉「**もんじゅ**」のナトリウム漏洩事故（1995 年）が日本で発生した．この原因も①と同じく，振動による応力集中部からの疲労破壊が原因であるとされているので，機械構造物の安全性には，いくら気を使っても使い過ぎることがないことを心に留めておく必要がある．

4.2　**図 4.3** の応力 σ–ひずみ ε 関係を描いた際には，断面積 A と長さ l_0 の棒を考え，(4.1)（$\sigma = \frac{P}{A}$）と (4.2)（$\varepsilon = \frac{\Delta l}{l_0}$）を用いて，荷重 P を応力 σ に，伸び Δl をひずみ ε に換算した．換算前の荷重 P と伸び Δl を描いたのが**図 A.6** である．同図は，断面積 A，長さ l_0 の棒の荷重–伸び線図であり，この線の下側の面積 S はこの部材が引張破壊をするまでに吸収するエネルギー，言い換えると外力がこの部材にした仕事である．荷重の単位が N，伸びの単位が mm であることから，線の下部の面積は仕事の単位である N · mm となる．

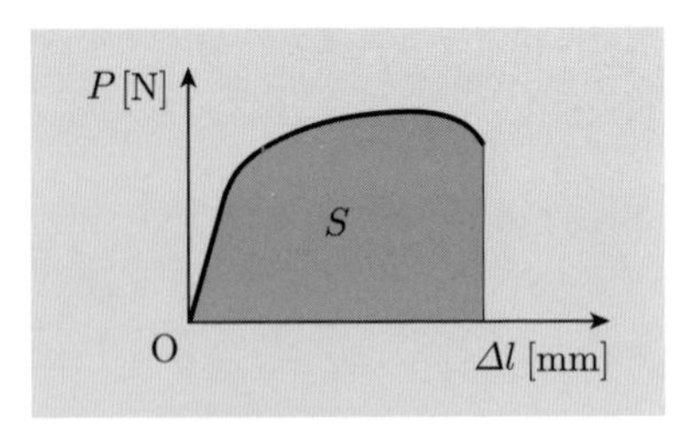

図 A.6　引張試験での荷重 P–伸び Δl 関係

さて，自動車の衝突前の質量を m，速度を v とすると，自動車は $\frac{1}{2}mv^2$ の運動エネルギーを有している．この運動エネルギーを衝突時に自動車の構成部分を変形させることによって可能な範囲で吸収させることができれば，乗員への衝撃力は小さくなる．したがって，自動車の車体は衝突時には可能な限り変形によってエネルギーを吸収するような構造にする方が乗員の安全上は良いことがわかる．

4.3　(4.4) から，曲げモーメントと応力との関係は $\sigma = \frac{M}{Z}$ となる．Z は断面係数であり，$Z = \frac{bh^2}{6}$ となる．したがって，$\sigma = \frac{M}{Z} = \frac{6M}{bh^2}$ を得る．この式から，b が 2 倍になると σ は $\frac{1}{2}$ 倍になり，h が 2 倍になると σ は $\frac{1}{4}$ 倍になる．

5章

5.1　2024 年の価格を調べてみると，**表 A.1** のようになる．ここでは，細かい数字はあまり気にせず，それぞれの材料や製品が大体どの程度の桁の価格帯であるのかを調べてもらうのが意図である．表では，一般構造用圧延鋼材 SS400 が 350 円/kg と最も安い．鋼等を材料として使用して製作した自動車や冷蔵庫といった大量生産品は，もちろん SS400 の kg 当たりの単価より高く，約 2,000 円/kg 程度である．ジェット旅客機は自動車や冷蔵庫よりも 2 桁程高く，20 万円/kg となる．この価格は，その下の銀価格の約 $\frac{1}{8}$ となり，金は銀よりも約 8 倍高い．

5.2　タイヤホイール：鋼，アルミニウム合金，マグネシウム合金
三元触媒：セラミックス，プラチナ，バナジウム，ロジウム
コイルスプリング：**バネ鋼鋼材**（JIS では SUP）
ボディ：**高張力鋼**，アルミニウム合金，プラスティックス，CFRP
が代表例である．

表 A.1 2024年の各材料の単位重さ当たりの価格

製品・材料	1 kg 当たりの売価 [円/kg]
SS400	350
自動車	2,000
冷蔵庫	2,000
ジェット旅客機	200,000
銀	1,600,000
金	12,000,000

■**5.3** 炭素鋼の表面をよく洗浄してから，さび止め塗料と上塗り塗料を塗るのが一つの方法である．他の方法としては，Ni や Cr を表面に**メッキ**する手法もよく用いられる．

ステンレス鋼が表面処理をしなくても光沢を保つ理由は，ステンレス鋼には Cr が含まれており，表面に光沢のある酸化しやすい酸化 Cr 相ができ，その相がそれ以上の酸化を防いでいるからである．つまり，ステンレス鋼はさびない鋼ではなく，表面がさびていて，さびに光沢があり，さびが一定量以上進行しない鋼である．名称が，stainless（さびない）鋼と付けられているのは興味深い．

6章

■**6.1** 加工精度は使用する工作機械や加工手法に大きく依存するが，一般的な手法では，概ね下記の精度である．

切削：0.01 mm（10 μm）程度

研削：0.005 mm（5 μm）程度

鋳造：0.5 mm（500 μm）程度

ワイヤカット：0.02 mm（20 μm）程度

■**6.2** **図 A.7(a)** に示すように，充分に平面度の高い二つの金属面を密着させると，両者の間が真空状態に近くなり，二つの部品をずらす（相対移動）ことができなくなってしまう．これでは高い荷重を与えながらでも高精度に動かせる移動ステージを構成できない．そこで，**同図 (b)** に示すように，平面に凹凸を付け，凹部に油をためて，当たる面のみは高精度の面とする加工を**きさげ加工**と呼ぶ．きさげ加工は，高精度の工作機械（旋盤，フライス盤，研削盤等）の移動ステージに多用されている．加工は，二つの面の間に顔料を入れてすり合わせ，顔料が付かなかった面同士が当たっている面なので，その部分を**きさげ工具**を使用して手で削る，という作業を繰り返す．きさげ加工された表面は，**同図 (c)** に示すように，光沢の異なる小さな面模様を敷きつめた面になる．このように，最も精度の高い摺動（しゅうどう）面は人の手作業で製作されているのも，機械がまだ持ち得ていない人間の能力であると思うと，興味深い加工法であるといえよう．

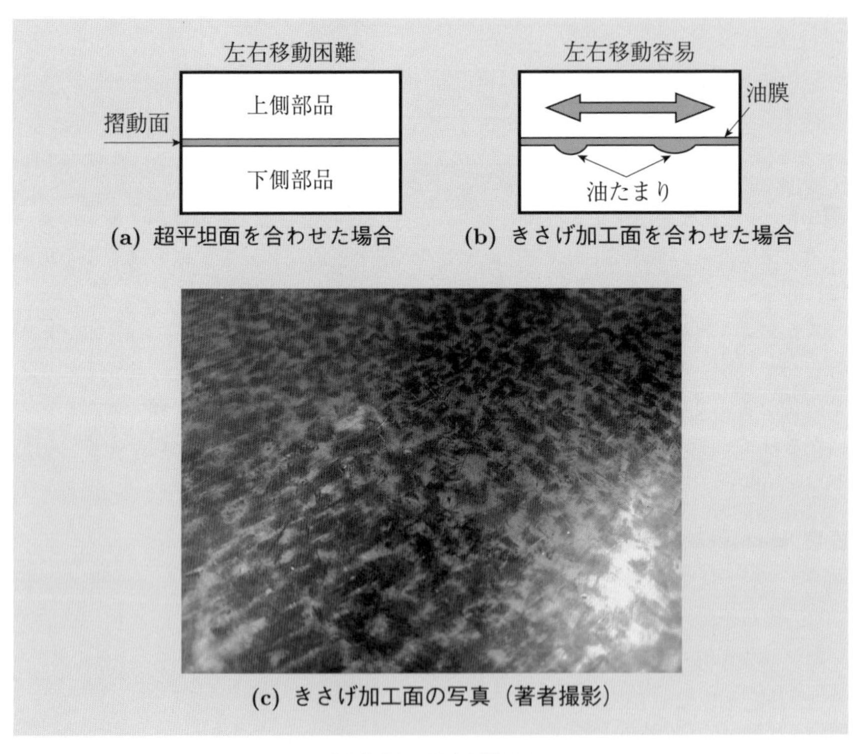

図 A.7　きさげ加工

■**6.3**　スポット溶接とは，**図 A.8** に示すように，接合材同士を二つの電極の間に重ねて置き，短時間に電極間に大電流（直流でも交流でも良い）を通電し，接合材を溶接する接合法である．二つの接合材の間の抵抗が他よりも大きく，接合面の一部で溶融が生じて接合される．短時間で溶接が完了すること，溶接方法が簡単であること等から，自動車の車体の接合に使用されている溶接法である．溶接時に接合部から火花が出ることもあり，自動車の組み立てラインで溶接ロボットが多くの火花を出しながら，車体を組み立てる動画を見たことがある読者もいるだろう．

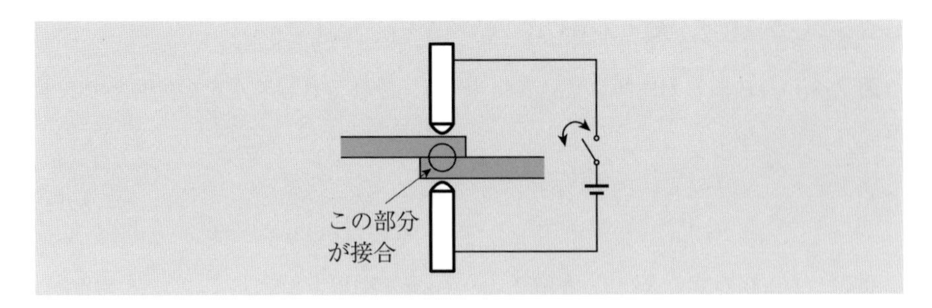

図 A.8　スポット溶接

7章

■**7.1**　熱力学の第2法則については，色々な表現方法があるが，どれも同じ内容を述べている．わかりやすい表現としては，「熱は高温部から低温部に自発的に流れる」や「低温の熱源から高温の熱源に正の熱を移す以外に，他に何の痕跡も残さないようにすることはできない」や「孤立断熱系ではエントロピーが増大するように現象が起こる」があるが，どれも同じ内容を示している．

■**7.2**　等積比熱を C_v，等圧比熱を C_p とすると，

$$C_p = C_v + R \tag{A.9}$$

が成立する．R はガス定数で 8.3144 J/(mol · K) である．等圧条件下では，温度上昇の際に気体が外部に向かって仕事をするので，気体の温度を上げるためには，等積条件下よりもより多くの熱量を必要とする．したがって，等圧比熱の方が等積比熱よりも大きくなる．この関係を**マイヤーの関係**という．

■**7.3**　すでに述べたように，エンジンの熱効率は (7.18) で求めることができる．下記に再掲する．

$$\eta = 1 - \frac{T_{\mathrm{D}} - T_{\mathrm{A}}}{T_{\mathrm{C}} - T_{\mathrm{B}}} \tag{7.18}$$

図 7.4 に示したサイクル図は p-V 線図なので，上式を用いるためには温度を圧力 p か体積 V に変換する必要がある．断熱変化では

$$TV^{\gamma-1} = \text{一定} \tag{A.10}$$

が成り立つ（**ポアソンの法則**）．なお，$\gamma = \frac{C_p}{C_v}$ である．

注意　高校の教科書に，断熱変化では $pV^{\gamma} =$ 一定 が掲載されていたものがある．これに，理想気体の状態方程式 $p = \frac{nRT}{V}$ を代入すれば，この式が得られる．高校時

に習っていなければ，大学での熱力学の教科書を参照して欲しい．

図 7.4 の AB 間と CD 間は断熱変化であり，それぞれの時点を下付文字で表すと，

$$\begin{aligned} T_A V_A^{\gamma-1} &= T_B V_B^{\gamma-1} \\ T_C V_B^{\gamma-1} &= T_D V_A^{\gamma-1} \qquad (\because \quad V_C = V_B, V_D = V_A) \end{aligned} \tag{A.11}$$

となる．(A.11) の第 1 式の T_A と第 2 式の T_D を (7.18) に代入して，次式を得る．

$$\eta = 1 - \left(\frac{V_B}{V_A}\right)^{\gamma-1} \tag{A.12}$$

エンジンの効率は $\frac{V_A}{V_B}$，つまり圧縮比が大きければ大きくなる．空気の γ の値は約 $\frac{7}{5}$ であること，および $V_A = 8V_B$ とすると（圧縮比を 8 と仮定），$\eta = 0.56$ となる．この値は理論的な最大効率なので，実際のエンジンの効率は，有効に利用できない熱量や摩擦によって，この値より小さくなる．

8章

8.1 すべての気体分子は 1 mol 当たり 22.4 L の体積を有している．酸素分子 O_2 のモル質量は 32 g/mol であり，窒素分子 N_2 のモル質量は 28 g/mol である．1 m^3（= 1000 L）中の両分子の体積は，

$$酸素：1000\,\mathrm{L} \times 0.2 = 200\,\mathrm{L}$$

$$窒素：1000\,\mathrm{L} \times 0.8 = 800\,\mathrm{L}$$

となる．したがって，空気 1000 L 中の質量は，

$$\frac{200}{22.4} \times 32 + \frac{800}{22.4} \times 28 = 1.290\,\mathrm{kg}$$

となる．空気 1 m^3 の質量は約 1.3 kg あるので，「空気のように軽い」というのはあまり適切な表現ではないかもしれない．自動車の走行時にはこのような質量の空気が連続的に自動車に当たることになることから，大きな走行抵抗になる．

8.2 (8.9) から，

$$F_D = \frac{1}{2}\rho C_d A v^2 \tag{8.9}$$

となる．この式で，$\rho = 1.29\,\mathrm{kg/m^3}$, $C_d = 0.3$ とし，自動車の前面の代表面積を幅 1.7 m × 高さ 1.5 m = 2.6 m^2 とする．自動車の速度を 60 km/h（$= \frac{60000}{3600} = 17\,\mathrm{m/s}$）とし，これらを (8.9) に代入すると，

$$F_D = \frac{1}{2} \times 1.29 \times 0.3 \times 2.6 \times 17^2 \ \frac{\mathrm{kg}}{\mathrm{m}^3} \cdot \mathrm{m}^2 \cdot \frac{\mathrm{m}^2}{\mathrm{s}^2} = 145 \ \frac{\mathrm{kg} \cdot \mathrm{m}}{\mathrm{s}^2} = 145 \ \mathrm{N}$$

を得る．

8.3 流体を小さな粒に分割して考えると，各粒はそれぞれの速度ベクトルを有している．これらの速度ベクトルを接線とする線，すなわち，速度ベクトルを微係数とし，それらを積分して求められる曲線を**流線**という（**図 A.9(a)**）．注意して欲しいのは，流体は流線に沿って流れるとは限らないことである．ある瞬間に**同図 (a)** の②の流線上にある粒が，次の瞬間には③の流線上に位置を変えることがあるからである．

一つの粒に注目して，その粒の流れを連続的に追いかけて得られる線を**流跡線**という（**図 A.9(b)**）．

たとえば，煙突から出る煙を見てみると，流れの線が見える．これらの線を**流脈線**という（**図 A.9(c)**）．この線を考えてみると，観察される線は，煙突を出たときに同じ位置を通り，その後流れていくことがわかる．すなわち，ある時刻に一定の位置を通る流体粒子がたどる軌跡のことを流脈線という．

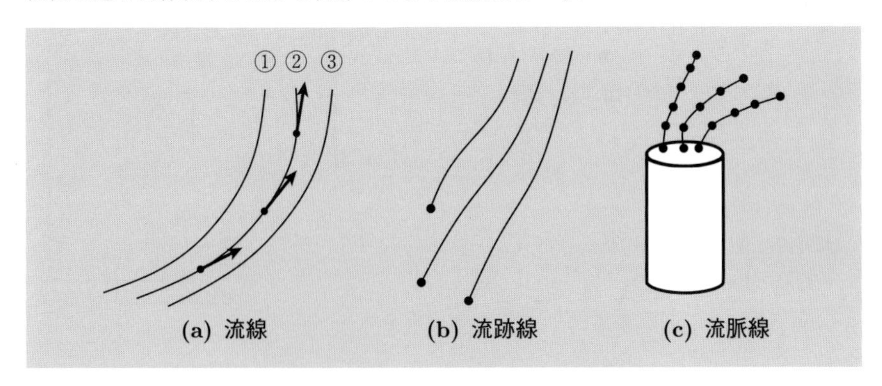

図 A.9　流線，流跡線および流脈線

9章

9.1 PID 制御の各制御のボード線図での特徴は，**表 A.2** のようなゲイン特性および位相特性を持つ．

注意　この結果を導くためには，フーリエ変換やラプラス変換の演算が必要となるので，ここでは結果のみを示した．

表 A.2 PID 制御のゲイン特性と位相特性

	ゲイン特性	位相特性
P 制御	振幅：変化せず	$0°$
I 制御	振幅：減少する	$-90°$
D 制御	振幅：増加する	$+90°$

9.2 **図 A.10** にパワーウィンドウのスイッチが操作された後のガラスの上下を制御するためのフロー図を示す．まず，モータを始動し，常時，ガラスと窓枠とに挟まっているものがないかどうかを確認し，もし，挟まっていれば即座にモータのスイッチを切る．ガラスが上下の限界まで達した後に，モータのスイッチを切る．このように予め決められた手順で制御を行うことを，**シーケンシャル**（sequential）**制御**という．

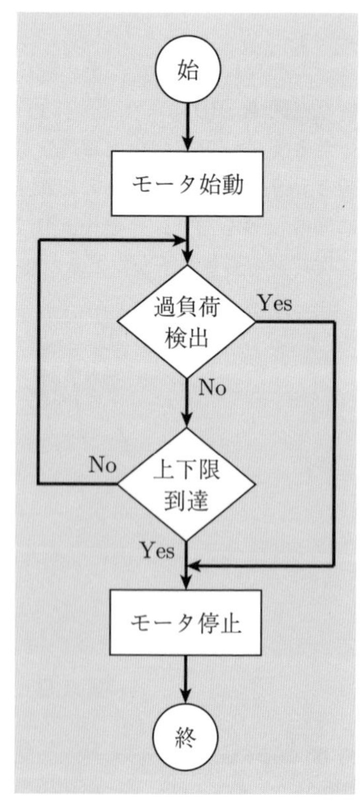

図 A.10 パワーウィンドウの上下運動制御

9.3 電気モータの分類法には種々のものがあるので，以下には制御工学と関連があるモータで代表的なもののみを示す．駆動方法別に電気モータを分類すると，

- **交流**（AC）**モータ**
- **直流**（DC）**モータ**

となる．モータの回転数や回転速度を制御できるモータとしては，

- **サーボモータ**
- **ステッピングモータ**

がある．サーボモータはモータ内に角度センサが内蔵されており，それをコントローラで検出制御する．ステッピングモータは短い矩形の電気信号が入力されたとき，微小な角度だけ回転するモータである．

その他のモータの分類では，モータの回転体への給電方式（**ブラシモータ**／**ブラシレスモータ**）や永久磁石の使用や不使用による分類等がある．

索　引

あ 行

か 行

さ 行

た 行

な　行

は　行

ま　行

や　行

ら　行

わ　行

欧 字 行

著者略歴

坂根政男（さかね まさお）

1976年　立命館大学大学院理工学研究科　博士課程中退
1978年　工学博士（立命館大学）
1994年　立命館大学大学院理工学部　教授
2012年　日本材料学会　会長
2014年　立命館大学特命教授，立命館大学名誉教授
2019年　立命館大学総合科学技術研究機構　上席研究員
専　門　材料力学，多軸応力下での低サイクル疲労とクリープ破壊，高温での構造物の信頼性評価

主要著書

Student Edition で学ぶ Marc 有限要素法入門
（共著，ネクパブ・オーサーズプレス）
高温強度の基礎・考え方・応用（共著，日本材料学会）
高温低サイクル疲労試験法標準（主査，日本材料学会）

機械工学テキストライブラリ＝1
自動車づくりの例で学ぶ 機械工学概論

2024年12月25日©　　初　版　発　行

著　者　坂根政男　　発行者　田島伸彦
　　　　　　　　　　印刷者　田中達弥

【発行】　**株式会社　数理工学社**
〒151-0051　東京都渋谷区千駄ヶ谷1丁目3番25号
編　集　☎(03) 5474-8661(代)　　サイエンスビル

【発売】　**株式会社　サイエンス社**
〒151-0051　東京都渋谷区千駄ヶ谷1丁目3番25号
営　業　☎(03)5474-8500(代)　振替 00170-7-2387
FAX　☎(03)5474-8900

印刷・製本　大日本法令印刷（株）

サイエンス社・数理工学社の
ホームページのご案内
https://www.saiensu.co.jp
ご意見・ご要望は
suuri@saiensu.co.jp　まで．

ISBN 978-4-86481-120-0

PRINTED IN JAPAN